AF501919

ESSAIS SUR LA RÉGÉNÉRATION

DE

L'AGRICULTURE,

PAR LE MÉLANGE INTELLIGENT DES TERRES.

ESSAIS SUR LA RÉGÉNÉRATION

DE

L'AGRICULTURE,

PAR LE MÉLANGE INTELLIGENT DES TERRES,

Par M. Hamilton-Frichou.

> La terre est une tendre mère qui semble mesurer ses bienfaits aux soins qu'on lui prodigue avec discernement et persévérance.....

PÉRIGUEUX,

IMPRIMERIE DUPONT, RUE TAILLEFER.

1846.

A M. LE MARÉCHAL BUGEAUD,

DUC D'ISLY.

Bien convaincu de cette grande vérité, que l'agriculture est le premier besoin des peuples, la richesse des nations, le principal lien qui rattache l'homme au sol, j'ai dépensé vingt ans de ma vie à faire de longues observations, de nombreuses expérimentations sur cette vaste science.

A qui dédier aujourd'hui le fruit de mes études et de mes travaux, si ce n'est à vous qui avez donné l'élan à toutes les grandes idées agricoles, à vous que l'on regarde en France comme le véritable représentant de l'agriculture?

Inspiré par le double génie de la guerre et de la colonisation, vous avez, sur notre terre d'Afrique, continué une œuvre glorieuse par une autre plus glorieuse encore. Après avoir frappé du bras qui conquiert, vous avez fertilisé du bras qui féconde.

A vous donc le faible tribut de mes talens, à vous qui faites revivre ces généraux du temps de Rome républicaine, auxquels le peuple vainqueur distribuait les terres du peuple vaincu, et qui mettaient toute leur gloire à cultiver avec soin le champ que leurs mains consulaires avaient conquis.

Je suis, avec le plus profond respect,

Monsieur le Maréchal,

Votre très humble et obéissant serviteur.

HAMILTON-FRICHOU.

INTRODUCTION.

Depuis plusieurs années j'ai senti le besoin de livrer à l'impression quelques-unes de mes idées sur les analogies végétales et animales appliquées à l'amélioration de l'agriculture; mais le peu de temps que je dérobe à ma pratique médicale ne me permettant pas de les développer dans toute leur étendue, je me bornerai seulement à en tracer une légère esquisse. Je dois néanmoins, avant de traiter un tel sujet, entrer dans quelques détails sur les circonstances fâcheuses qui paraissent avoir puissamment contribué à l'abandon et au dépérissement de notre pauvre agriculture. C'est dans ce but, et animé du désir bien sincère de coopérer à la prospérité du lieu qui m'a vu naître, que j'ose aujourd'hui donner de la publicité à mes opinions, bien persuadé d'ailleurs que mes honorables confrères et les agriculteurs praticiens accueilleront favorablement cet opuscule, fruit, en grande partie, de mes expériences.

Sans avoir l'intention de critiquer ceux qui préconisent avec tant d'enthousiasme le progrès des lumières et de la civilisation, je ne puis cependant m'abstenir de parler de l'état déplorable de l'agriculture.

La prodigieuse multiplicité des gens de toutes les professions, le développement immense de toutes les industries commerciales, et peut-être même la mauvaise direction donnée à l'instruction populaire des masses, ne pourraient-ils pas avoir contribué à sa décadence? Toutes ces influences ne tendent-elles pas à déplacer constamment les cultivateurs de leur position, et cette incessante émigration de la campagne à la ville ne devient-elle pas la plaie la plus douloureuse de la société?

Ne voyons-nous pas, en effet, depuis plusieurs années, les fils de la plupart de nos cultivateurs ne plus vouloir être laboureurs comme leurs pères? Ne voyons-nous pas le plus grand nombre, après avoir fréquenté les écoles communales depuis leur bas âge, rougir de la profession de leurs ancêtres et abandonner le toit paternel pour se procurer, les uns un métier quelconque, les autres un emploi dans les grandes villes? Ce sont là des faits qui se répètent tous les jours et qui ne sont que d'une trop grande authenticité.

Quoique je paraisse m'exprimer avec trop de franchise et de vérité sur les progrès de l'instruction populaire des masses, je dois avouer cependant que je n'ai point eu la pensée de désapprouver l'heureuse influence de l'instruction en elle-même. Elle est toujours sublime dans sa théorie; mais je ne crains pas d'affirmer qu'elle est ici fausse dans son application. Sans doute il serait à désirer que l'instruction pût répandre toutes ses lumières sur toutes les classes de la société.

Pour cela, il faudrait qu'elle fût sagement dirigée, quelle fût appliquée à chaque spécialité, qu'elle se liât avec l'amour de chaque profession, qu'elle s'identifiât avec les devoirs de chaque condition. A ce sujet, un auteur célèbre nous a dit avec raison que l'instruction peut être un moyen de perfectionnement et de bonheur, comme elle peut devenir un instrument de corruption ou de misère, éclairant ou brûlant selon qu'elle est bien ou mal dirigée.

Ainsi l'on pourra dire que depuis quelques années il s'est opéré de très grands changemens dans l'agriculture par la création des fermes-modèles et des comices agricoles. On pourra même citer quelques écoles spéciales établies dans le but d'améliorer le sort des habitans des campagnes et de contribuer à la prospérité nationale.

On pourra enfin me parler de la Suisse, où l'agriculture est très florissante et où les habitans sont presque tous instruits. Cette dernière observation viendra surtout à l'appui de mon opinion, car en Suisse l'instruction paraît avoir ramené les masses vers l'agriculture, sans doute parce que l'industrie commerciale n'absorbe pas les individus des campagnes. En Suisse, d'ailleurs, la profession de cultivateur est très honorée ; tous les habitans ont du goût, même de la passion, pour tous les travaux de l'industrie agricole. Quoi qu'il en soit, je n'en resterai pas moins convaincu qu'il existe un vice radical dans notre corps social et qu'on ne pourra détruire qu'en rappelant les masses vers la campagne pour les exploitations rurales; mais pour arriver à un tel résultat, il faudrait opérer deux mutations indispensables, l'une dans les grandes villes, et l'autre dans la province. Qu'il me soit permis de proposer ici ce système d'amélioration.

J'ai la pensée qu'il serait très avantageux de créer, près des grandes villes, des écoles spéciales de domesticité pour les deux sexes, où l'on recevrait gratuitement, chaque année, les jeunes orphelins de la ville, les fils de malheureux ouvriers, enfin tous les indigens, pour les placer ensuite en qualité de domestiques, jardiniers, valets de chambre, femmes de chambre, cuisinières ; et de cette manière les citadins pourraient trouver dans le sein de la ville assez de sujets pour toutes les professions à gages. Plus tard, ils ne verraient plus leurs rues encombrées de mendians et d'escrocs; on ne trouverait plus aussi dans les carrefours ces infâmes maisons de prostitution et de scandale où l'on frémit de voir se déployer tous les soirs l'étendard de la corruption, qui ne laisse pas, lui aussi, que de faire de nombreux prosélytes. — Mais ces légions de débauche sont un besoin pour notre époque et pour nos mœurs, un bouclier pour la vertu et l'innocence, me direz-vous! — Laissez-moi croire que l'on ne trouve plus de partisans de ce système, malgré l'apparente démoralisation de la société.

Il y aurait ainsi, dans l'application de ma pensée, avantage pour la morale, pour les villes, pour les campagnes et pour l'armée :

1° Avantage pour la morale, car dans ces établissemens les jeunes enfans, recevant des principes d'ordre, d'économie et de religion, n'iraient plus un jour augmenter le paupérisme citadin et s'exposer à toutes les dégradations physiques et morales.

2° Avantage pour les villes, parce que les habitans pourraient se procurer des valets de chambre intelligens, des domestiques, des jardiniers expérimentés, des femmes de chambre vertueuses et des cuisinières habiles.

3° Avantage pour les campagnes, car les jeunes cultivateurs ne chercheraient plus à quitter le toit paternel dans l'espoir de trouver la fortune et le bonheur dans les grandes villes.

4° Avantage incontestable pour notre armée, car, en retenant dans la campagne nos jeunes cultivateurs pour les travaux de l'agriculture, le gouvernement serait toujours assuré d'avoir à sa disposition des hommes robustes, courageux, infatigables, plus capables de supporter les privations de tous genres et les intempéries des saisons : c'est une vérité qui devrait être prise en considération; c'est une question du plus haut intérêt.

Par un même motif de philanthropie, il faudrait créer dans la province des écoles spéciales d'agriculture pratique, où l'on recevrait aussi gratuitement tous les indigens des campagnes, les fils de veuves infortunées et de cultivateurs pauvres; en peu d'années le paupérisme serait détruit dans la province; l'agriculture deviendrait aussi plus florissante, car les travaux de la campagne ne souffriraient plus par le défaut de bras et surtout par l'incapacité notoire du trop petit nombre de cultivateurs qu'on a maintenant pour les exploitations rurales.

Malheur si l'on ne se hâte de mettre en pratique ce plan d'amélioration pour l'avantage des villes et pour la prospérité de notre agriculture ! car, à n'en pas douter, une époque arrivera, — fasse le ciel qu'elle soit moins proche que certains bons esprits ne le craignent, — où les villes seront entièrement encombrées et les campagnes désertes ; il résulterait bientôt que toutes les classes de la société seraient infailliblement dans une affreuse perplexité. Que ferait-on, en effet, de ce nombre prodigieux d'ouvriers qui assiégent tous les établissemens d'industrie commerciale pour se procurer du pain ? Y aura-t-il toujours assez d'occupation pour les employer constamment ? Non, sans doute ; car dans tous les établissemens on cherche à diminuer la main-d'œuvre par la force de la vapeur, qui devient aujourd'hui le moteur le plus puissant et le plus économique. Que feront donc un jour ces malheureux ? Chercheront-ils quelques emplois dans les campagnes pour ne pas mourir de faim ? Non ; ils rougiraient de travailler la terre ; et, d'ailleurs, le plus grand nombre n'aurait ni l'adresse ni le courage, pas même la force. Qu'on aille aux cours d'assises, et l'on verra se dérouler, effrayante depuis plusieurs années, l'histoire d'un plus grand nombre d'ouvriers ! Que l'on juge alors, par les égaremens du présent, des effets de l'avenir ! La tête ne raisonne plus lorsque les sentimens naturels sont étouffés par la voix déchirante du désespoir et du besoin.

Qui de nous ne sait pas aussi que beaucoup de ceux qui ont abandonné l'agriculture pour entreprendre un métier quelconque vont aujourd'hui remplir la société d'êtres inutiles ? Que feront-ils eux aussi ? Ils rougiraient de revenir sous le toit paternel pour partager les pénibles travaux de la campagne. Les malheureux préfèreront se livrer aux bassesses de tout genre, iront peut-être un jour finir leur aventureuse carrière dans les maisons de détention et dans les bagnes, quand ils n'auront pas recours au suicide, fin non moins immorale et non moins scandaleuse que leur vie.

Je dois citer encore une autre circonstance aussi déplorable, et qui, aux yeux de bien des agronomes, sera considérée comme la cause la plus patente de l'état de souffrance de l'agriculture. Je veux parler de la multiplicité des foires et des marchés de toutes les petites bourgades. Rien peut-être n'amène de plus fâcheux résultats, ne plonge un plus grand nombre de cultivateurs dans la misère, n'occasione plus rapidement la ruine de presque toutes les exploitations rurales. Aujourd'hui, tous les propriétaires déplorent la tolérance de l'autorité locale à ce sujet, et cependant aucun d'eux n'ose encore faire de justes réclamations auprès du pouvoir pour signaler de telles calamités publiques. Que l'on fasse l'énumération de toutes les localités où se rendent régulièrement les cultivateurs pour aller vendre bétail, volailles, légumes et autres productions agricoles; que l'on calcule en même temps l'argent que chaque cultivateur débourse, les excès auxquels il se livre, les suites funestes de ces excès : on sera surpris combien est grande la perte qu'éprouve l'agriculture en pareilles circonstances.

Tous les faits que je signale ne sont-ils pas autant de témoins qui viennent déposer contre l'abandon et le dépérissement de notre malheureuse agriculture ?

Avant de terminer toutes ces considérations, qu'il me soit permis de demander quelle est la science la plus utile au genre humain : la science qui fait vivre les gens de tous les métiers et de toutes les conditions, qui nourrit les industriels et alimente les érudits de la société, n'est-ce pas le cultivateur, cet humble habitant des campagnes, qui trop souvent est abandonné sans pitié à son affreuse misère?

La création d'un congrès central de l'agriculture à Paris, le dévouement des sommités agricoles qui sont à la tête de cette philanthropique association, et la sollicitude de notre roi pour les grandes améliorations de l'agriculture, tout me fait espérer un avenir plus heureux. Si mes prévisions, dans cette circonstance, pouvaient se réaliser, il ne manquerait rien à mon bonheur ; car j'aurais la satisfaction d'avoir prodigué mes faibles efforts pour contribuer en quelque chose à la prospérité de notre belle France.

ESSAIS SUR LA RÉGÉNÉRATION

DE

L'AGRICULTURE,

PAR LE MÉLANGE INTELLIGENT DES TERRES.

CHAPITRE Ier.

Considérations générales sur l'état actuel de notre mode de culture.

Il est reconnu aujourd'hui que les propriétaires se plaignent de la modicité de leurs revenus sans chercher le plus souvent à améliorer leurs vieux sols en culture ; que les cultivateurs déplorent leur misère sans redoubler de soins et d'activité pour faire produire davantage à la terre. L'indifférence des uns, le découragement et l'inexpérience des autres, nous plon-

2

geraient bientôt dans une ruine inévitable, si cette partie de la population restait encore quelques années dans cette alternative de dégoût et d'apathie.

Où réside donc la cause de ce désordre territorial qui occasione tant d'insuccès en agriculture et qui provoque tant de calamités publiques ? Ne provient-elle pas de notre mode vicieux de culture? Aujourd'hui, non-seulement l'agriculture est abandonnée à une faible majorité de cultivateurs, mais encore elle est exploitée par des hommes inhabiles qui travaillent le sol sans aucun principe sur la nature des terres, sans aucune connaissance des phénomènes de la végétation. Il est vraiment pénible de penser que tous les agriculteurs cultivent toutes les terres de la même manière, sans tenir compte de leur composition ; il est absurde de les voir ensemencer toutes les plantes sur le même sol, sans presque aucune distinction ; enfin, il est ridicule de les voir fumer tous leurs sols en culture, avec le même fumier et dans les mêmes proportions, pour rendre aux terres la fertilité qui leur manque.

De nos jours, l'usage du fumier est devenu universel, exclusif, absolu. La composition des engrais artificiels est dégénérée en passion; c'est vers ce but que paraissent s'être concentrées toutes les idées et toutes les spéculations des agronomes. Le terreau, la poudrette, le noir animalisé, la colombine, la poulnée, l'engrais Jauffret, enfin une infinité d'autres substances fertilisantes sont tantôt préconisées, tantôt décriées; puis, en dernier lieu, voici venir le guano, qui a envahi toutes les contrées méridionales et est devenu la panacée de l'agriculture, pour voir, lui aussi, tomber dans quelques années sa réputation usurpée.

L'emploi banal du fumier et des engrais est une méthode frappée de réprobation par ceux qui veulent se donner le loisir d'observer sérieusement leur action stimulante et souvent trop énergique ; car nous savons qu'on met les fumiers indistinctement sur tous les sols en culture, dans toutes les saisons et à toutes les expositions. Fumer les terres froides, les terres ardentes, les terres fortes et les terres légères avec le même engrais et en quantité partout égale, est-ce faire de la bonne et fructueuse agriculture? Le fumier possède donc toutes les propriétés, celle de réchauffer les terres et de les refroidir, de les rendre plus légères ou plus compactes? Si ce principe-là est incontestable, la méthode qui en découle cesse d'être absurde ! Quant à moi, tout me paraît ridicule et ruineux dans une conduite si étrange et si peu réfléchie. Dans certaines localités, où les terres sont médiocres, même très mauvaises, voyez un grand nombre de propriétaires faire d'immenses sacrifices pour se procurer des fumiers d'étable, des terreaux de ville et des engrais en tous genres ; voyez également ces pauvres agriculteurs, leurs voisins, qui ne peuvent se livrer à ces dépenses irréfléchies, répandre la très petite quantité de fumier qu'ils font avec quelques animaux sur une grande superficie de terrain : ces deux manières d'agir ne sont-elles pas ruineuses et absurdes ? En effet, si les premiers se ruinent en achetant fort cher des récoltes très éventuelles, les seconds n'arrivent-ils pas aussi à une misère presque certaine, travaillant sans relâche une terre ingrate qui peut à peine payer la moitié des frais de culture et la valeur du fumier? Ne serait-il donc pas plus rationnel de donner à chaque sol en culture l'amendement le plus convenable à sa nature? Car enfin, si l'on met du fumier dans un sol froid pour le réchauffer, on doit éviter d'en mettre dans celui qui est trop ardent. Si on l'emploie dans un sol trop compacte pour le rendre léger, en fera-t-on usage dans celui qui est trop léger? Ignore-t-on que les fumiers agissent autant comme moyen mécanique que comme principes fertilisans ?

Les engrais sont aux plantes ce que les alimens sont à l'estomac. Que dirait-on d'un médecin qui, pour conserver la santé de ses malades, les soumettrait tous à prendre les mêmes alimens ? En raisonnant par analogie, nous devons conclure que l'amendement des terres doit être aussi varié que l'est la nature de chaque sol en culture, aussi différent que l'est l'alimentation de chaque homme en particulier.

Puisqu'il existe tant de variétés moléculaires dans la composition de toutes les terres, il est permis de supposer que chaque plante cherche à se mettre en rapport avec celles qui conviennent à son organisation, comme il est facile de comprendre que chaque animal se met instinctivement en rapport avec la plante qui est appréciable à son odorat et à son goût.

Le pain, pour les hommes, est la base fondamentale de la nourriture. Tous les estomacs s'en accommodent, et la digestion en est très facile. Cependant, que de diversités de mets sont apprêtées aujourd'hui pour la variété des goûts ! La terre végétale pour la plante est aussi la base fondamentale de sa nourriture ; et, cependant, combien de molécules de diverses substances sont mélangées et mises en rapport avec elle !

Dans cette circonstance, je crois devoir comparer la surface du globe terrestre à une vaste table où le créateur a mis une quantité prodigieuse d'alimens pour toutes les plantes qui doivent assister à ce banquet de la vie végétale. Chaque plante choisit à ce festin les molécules les plus assimilables à sa nature, de même que les hommes réunis autour d'une table prennent les alimens qui flattent le plus leurs sens et qui sont les plus aptes à leur digestion. Les racines des plantes ont des sympathies et des affinités avec les molécules de la même espèce, comme l'estomac a ses prédilections pour les alimens qui sont en rapport avec son organisation. Ce serait donc en vain qu'un cultivateur donnerait à un sol en culture un engrais qui ne le mettrait pas dans des rapports de fertilité, comme il serait absurde de donner à un homme un aliment qui serait contraire à son goût et à son estomac. Dans l'un et l'autre cas, il y aurait imprévoyance et danger, car la plante ne pourrait végéter long-temps dans un sol ingrat, et le corps de l'homme arriverait en peu d'années à une altération générale de l'économie ; la plante périrait donc inévitablement avant l'époque de sa maturité, et la vie animale de l'homme s'éteindrait avant le terme accoutumé de son existence.

Malgré les nombreuses découvertes qui expliquent les affinités des plantes pour toutes les substances dont la terre se compose, il manque à la science une théorie sur la reproduction de chaque plante par son engrais spécial.

Nous allons la développer.

Tout végétal abandonné sans aucune espèce de soins à la sollicitude seule de la nature trouve toujours, dans le sol où il s'implante, des élémens de nutrition, rencontre nécessairement, dans la terre qu'il a adoptée, des principes d'existence, et se répare et renaît ensuite de la décomposition de ses propres feuilles ou fruits, qui reviennent rendre à la racine et à la tige la vie et la sève dépensées pour les produire. Voyez l'arbre ; il perd ses feuilles à l'hiver ; elles s'amoncellent au tronc, mettent le sol qui le porte à l'abri des intempéries des saisons, puis se décomposent insensiblement. Au printemps, la pluie et la chaleur en divisent les molécules, qui sont absorbées par les racines les plus déliées du végétal, et l'arbre, protégé d'un côté, fertilisé de l'autre, trouve dans le sein comme à la surface de la terre de quoi fournir à sa conservation, à sa nourriture, à son développement ; en un mot, de quoi se recomposer de son propre détritus. Voilà les différentes phases du phénomène de la végétation.

D'après ce principe, la molécule végétale peut être divisée à l'infini par la décomposition des élémens ; mais cette molécule sera éternellement invariable dans son espèce et éternellement absorbée par les plantes en rapport avec sa nature.

Faisons l'application de cette théorie aux plantes qui sont cultivées par la main des hommes.

Les foins décomposés par la fermentation des matières excrémentielles des animaux, bœufs et vaches, seront toujours des molécules invariablement affectées à la nourriture seule des graminées.

Les chevaux, que l'on nourrit de foin, d'avoine et de son, produiront des fumiers dont les molécules seront spécialement absorbées par les graminées et les céréales.

Les hommes vivent de plantes potagères et de céréales ; les molécules de leurs décompositions excrémentielles devront être uniquement appropriées à la culture des céréales et des plantes potagères.

En énumérant ainsi la nourriture propre à chaque animal, on classe en même temps les fumiers d'après la spécialité de leurs molécules pour chaque plante. Ainsi, chaque fumier se trouvant composé de principes divers, eu égard à son origine différente, l'usage en doit être modifié, non pas seulement à cause de la nature du sol qu'on veut ensemencer, mais surtout à cause du caractère de la plante qu'on veut y cultiver.

Il est impossible de soutenir que les plantes absorbent indistinctement toutes les molécules solubles avec lesquelles elles sont en contact ; car il faudrait nier que les racines ont le sentiment instinctif de la conservation de la plante, qu'elles appellent ou repoussent les molécules qui sont propres ou contraires au développement de la plante. Comment expliquerait-on alors, s'il en était autrement, la co-existence, dans un même sol ayant reçu le même soin, de plantes qui arrivent au plus haut degré de vigueur, d'autres qui végètent et languissent, et de plusieurs qui meurent avant l'époque de la maturité? D'ailleurs, supposons un instant qu'elles absorbent des molécules étrangères : pourront-elles être élaborées par les vaisseaux séveux? Non ; ce serait alors l'indigestion végétale. L'animal peut manger quelquefois des alimens qui ne lui conviennent pas; mais qu'arrive-t-il? ils deviennent indigestes et ne s'assimilent pas à l'économie.

Au reste, si les fumiers avaient la propriété qu'on leur suppose, on pourrait faire cultiver toutes les plantes sur des masses de fumier sans mélange, tandis que l'expérience nous démontre chaque jour que les fumiers doivent être mélangés avec la terre pour amener une végétation forte et soutenue.

Les plantes pourraient aussi bien se passer d'engrais stimulans que les hommes d'alimens excitans. Il faut à la plante une terre essentiellement végétale, comme à l'homme une nourriture simple et d'une digestion facile. D'un côté, la gourmandise a inventé une science appelée la science culinaire, si contraire à la santé des hommes; d'un autre côté, l'inobservation des lois de la nature a fait préconiser l'usage exclusif des engrais, souvent nuisibles à la vie des plantes.

D'ailleurs, si tous les fumiers devaient produire les mêmes effets sur toutes les plantes, on obtiendrait les mêmes résultats avec les fumiers de jaugues, les fumiers de paille et les terreaux, tandis qu'il est reconnu que les terreaux des grandes villes rendent les terres plus fertiles que les fumiers, et que les fumiers de paille, à leur tour, sont plus favorables à la végétation de toutes les plantes que les fumiers entièrement composés de jaugues et de bruyères.

Il est facile d'expliquer la faveur dont jouit le terreau comparé aux fumiers de paille et de jaugues; car le terreau des villes n'est autre chose que la décomposition des débris de plantes potagères, de quelques particules de céréales et d'une grande quantité d'urines et de matières fécales d'hommes et d'animaux. La supériorité du fumier de paille est aussi bien constatée à l'égard du fumier de jaugues : en effet, les pailles des céréales, en décomposition par la fermentation des matières excrémentielles, deviennent, à n'en pas douter, des molécules assimilables aux céréales. Enfin, le fumier de jaugues est infiniment inférieur aux deux premiers, car il agit sur le sol plutôt d'une manière mécanique, en divisant, en allégissant et en ameublissant, qu'il n'agit sur les céréales et les autres plantes, n'ayant que bien peu à leur fournir.

Il est un phénomène qui se manifeste souvent: il arrive quelquefois, dans la culture des céréales, que l'on récolte peu de blé et beaucoup de paille, et d'autres fois peu de paille et beaucoup de blé. Cette extension de la tige, se développant au préjudice du fruit, et cette augmentation du fruit, se faisant sentir en raison inverse de l'augmentation de la tige, ne s'expliquent, pour la tige, que par la présence dans le sol d'un grand nombre de principes qui lui sont propres, et, pour le fruit, que par l'intervention d'une plus grande quantité de molécules assimilables à sa nature.

On peut faire l'application de ce principe à toutes les plantes que l'on cultive avec les fumiers. Il devient dès-lors possible de connaître d'avance les résultats que l'on obtiendra.

Combien de déceptions en agriculture proviennent de la mauvaise distribution des fumiers, eu égard à leur composition intime, à la nature des terres, à l'organisation des plantes que l'on cultive et à la saison dans laquelle on les met en usage! Tous les fumiers ont deux propriétés bien distinctes : l'une mécanique, qui divise les molécules trop compactes et les unit plus intimement, selon leur état de fermentation ou de décomposition ; l'autre organique ou élémentaire, qui rend à la terre ce qui en provient pour la fertiliser.

D'après la théorie que nous venons de développer et d'après les faits que nous avons appréciés, il est permis d'affirmer que la terre végétale contient beaucoup de molécules de toutes les plantes, puisque, de temps immémorial, elle se recompose naturellement de la décomposition des animaux et des végétaux qui n'ont cessé de vivre et de croître sur le globe depuis l'époque de la création, tandis que les fumiers que l'on répand avec si peu de discernement ne renferment réellement que les molécules des plantes que l'on a employées à l'usage des animaux, soit pour leur nourriture, soit pour leur litière.

La terre renfermant en elle-même tous les élémens de sa recomposition, et les fumiers n'ayant qu'une spécialité déterminée par la nature des substances qui les ont produites, c'est donc par le *transport et le mélange intelligent des terres* qu'on peut réparer sur notre vieux sol le désordre des soulèvemens et le ravage des eaux. Malgré tout, je n'affirmerai pas ici d'une manière absolue que le mélange des terres pourra dispenser pour toujours d'employer des engrais ordinaires; mais j'ai l'intime conviction que nos vieux sols en seront considérablement améliorés pour plusieurs années, au point qu'on pourra faire produire sur les plus maigres surfaces des récoltes satisfaisantes.

En opérant ainsi des transports de terre avec discernement, on peut améliorer les sols les plus ingrats sans avoir recours à l'usage trop exclusif des engrais. Je suis d'ailleurs persuadé que les fumiers produisent des effets plus remarquables dans la culture des prairies naturelles et artificielles que dans les terres arables, et que le mélange intelligent des terres est infiniment supérieur à tous les engrais naturels et artificiels. J'espère le prouver par des faits qu'on ne pourra pas facilement révoquer.

Bien que Dombasle le premier ait donné de nos jours le plus puissant élan vers l'agriculture, il me semble qu'il a oublié un point essentiel, celui de la recomposition normale des terres. On me dira peut-être qu'il s'est beaucoup étendu sur l'article des amendemens, et que mon mode d'amélioration des terres n'est autre chose qu'une modification ou exaltation des amendemens. Je n'ai certainement pas la prétention d'avoir le premier parlé du mélange intelligent des terres; mais j'insiste pour que son utilité incontestable et sa juste application le fassent devenir un principe invariable de la bonne agriculture.

Pour prouver la justesse de mon procédé de culture, je m'abstiendrai de discuter tous les rapports chimiques qui existent entre les substances composant toutes nos terres en général ; mais je m'appuierai sur des faits matériels et concluans. Comme la vérité est une, je ne vois pas la nécessité de me jeter dans de profondes dissertations scientifiques pour mieux la faire ressortir. Il en est de cette vérité comme des grands mystéres de la nature, que l'on voit tous les jours sans pouvoir les expliquer.

Je sais que la chimie paraît aujourd'hui vouloir s'emparer exclusivement du vaste domaine de l'agriculture; je sais qu'elle a la prétention de s'arroger le privilége spécial d'expliquer tous les prodiges de la végétation par ses savantes et ingénieuses analyses; mais la science sera-t-elle comprise par nos agriculteurs praticiens, et l'expérience de ces derniers sera-t-elle d'accord avec le vaste savoir des premiers? Il y a bien de la distance entre le laboratoire du chimiste et la chaumière du laboureur. Il serait vraiment à désirer que les relations du savant et du cultivateur fussent plus intimes; mais il faudrait au chimiste le goût de l'agriculture, l'habitude et la force du cultivateur, comme il faudrait à ce dernier l'intelligence et la science du chimiste.

M'observera-t-on que plusieurs écrivains célèbres ont passé leur vie à faire des expérimentations en tous genres; que beaucoup de Dombasle et de Taër peu connus ont consacré leurs veilles, leur intelligence, leur avenir même pour la propagation de l'agriculture? Je répondrai à cela que toutes ces brillantes dissertations, tous ces systémes créés par l'effervescence d'une imagination préventive n'ont pas fait faire de rapides progrès à l'agriculture. La plupart de ces écrivains sont des agronomes aux mains blanches et potelées, des agriculteurs de cabinet, discutant les intérêts de la science sous le manteau de la cheminée, à l'abri des rigueurs des saisons. Ces praticiens à gants jaunes ne peuvent se mettre à la taille de l'intelligence des habitans des campagnes, auxquels ils parlent une langue inconnue. Tant que le langage de ces agronomes ne sera pas populaire et que l'exemple ne viendra pas confirmer les faits mis en avant, je crois pouvoir affirmer que l'agriculture restera long-temps dans l'enfance.

Cependant, depuis quelques années, les agronomes les plus distingués et les meilleurs observateurs paraissent avoir compris les besoins du moment, en créant des théories sur les grands principes de l'agriculture par le système des assolemens, afin de changer le mode de culture ordinaire et de stimuler l'énergie des cultivateurs de tous les pays. Ces innovations ont été déjà vraiment fructueuses dans plusieurs départemens du nord, dont on se plaît à signaler aujourd'hui les industries agricoles. Cette amélioration des propriétés se réduit à sa plus simple expression par un calcul facile à faire sur la théorie des assolemens : beaucoup de fourrages, beaucoup de bestiaux, beaucoup d'engrais, et par conséquent d'immenses bénéfices sur le produit des récoltes et la vente du bétail. Nous devons vraiment nous féliciter de ce changement de culture. Espérons que les contrées méridionales et centrales de la France subiront cette heureuse influence!

Néanmoins, il manque encore à l'agriculture un ouvrage élémentaire, véritable ouvrage classique où les cultivateurs devraient puiser chaque jour des connaissances indispensables à leur profession. Aujourd'hui que l'on préconise avec tant d'ardeur le développement intellectuel des masses, pourquoi ne ferait-on pas entrer en première ligne, dans l'instruction que l'on donne aux jeunes enfans des cultivateurs des campagnes, les premiers élémens de l'agriculture? Nés pour être cultivateurs, pourquoi ne pas donner à ces jeunes enfans des connaissances spéciales sur la géologie et la physiologie végétales? Ne serait-ce pas le meilleur moyen de leur faire comprendre et de leur faire aimer cette belle profession de leurs pères? Il serait de toute nécessité de leur enseigner les principes qui composent tous les sols en culture, les causes générales de l'altération des terres, le meilleur mode de fertilisation, l'action simultanée de chaque élément de la nature, l'influence des climats, des saisons et des terres sur la végétation de toutes les plantes.

C'est dans le but de remplir cette lacune, et parce que je suis animé surtout d'un immense désir d'améliorer le sort des travailleurs infortunés, que j'ose livrer aujourd'hui à la publicité mon ouvrage de la *Régénération de l'Agriculture par le mélange intelligent des terres.*

CHAPITRE II.

Nomenclature des terres, ou analyse matérielle de tous les sols en culture.

Malgré la théorie fort ingénieuse de nos chimistes les plus éclairés et de nos agronomes les plus remarquables, sur la classification des terres, le laboureur ignore encore le nom et l'organisation matérielle des divers sols qu'il cultive depuis tant d'années. Nos plus anciens cultivateurs sont à cet égard dans la plus profonde ignorance ; ils savent seulement, par une longue expérience, que certains sols sont froids ou ardens, d'autres légers ou compactes ; mais ils méconnaissent complètement les causes qui peuvent produire de semblables effets. Cette confusion désespérante où se trouvent presque tous les habitans des campagnes les met dans l'impossibilité de profiter des progrès de l'agriculture et d'améliorer ou de fertiliser leurs terres.

Suffit-il, en effet, de connaître le caractère de chaque plante, de savoir à quelle époque de l'année doit s'opérer le semis de chaque graine et quel est son meilleur mode de culture? Ces notions sont certainement fort utiles; mais combien elles sont loin encore de satisfaire à toutes les exigences de la science agricole! Quant à moi, j'ai toujours pensé que l'on devait s'attacher préalablement aux principes de la géologie, pour être irrévocablement fixé sur les substances élémentaires qui forment l'organisation complète de tous les sols en culture. Aussi, vivement pénétré de la nécessité d'une classification simple, naturelle, et à la portée de toutes les intelligences des campagnes, j'ai cru devoir m'occuper d'abord de l'enveloppe la plus superficielle du globe et de son analyse matérielle, pour apprendre aux agriculteurs la nature et la spécialité de toutes les terres.

Nous savons tous que parmi les matières qu'on trouve le plus ordinairement à la surface de la terre, il existe des substances pierreuses, les unes très dures et insolubles, les autres moins dures, se ramollissant, se dissolvant et se divisant avec facilité; que ces matières se réduisent à l'état terreux, et forment, par leur mélange avec les substances végétales et animales, la base fondamentale de tous les sols en culture, comme je vais l'exposer.

Tous les agronomes et les chimistes reconnaissent que toutes les terres contiennent en différentes proportions de l'argile sableuse, du sable siliceux, du carbonate de chaux en pierrailles ou pulvérisé, des débris ligneux, de l'humus et des substances solubles à l'eau.

M. Payen, dans l'analyse qu'il a faite de la terre franche de Clamart, la plus fertile du département de la Seine, trouve en différentes proportions les substances que nous venons d'énumérer.

D'après son analyse, je suis autorisé à affirmer que toutes les terres, de quelque nature qu'elles paraissent, sont toutes ou presque toutes composées d'argile, de sable, de carbonate de chaux, et d'humus, mais dans des rapports variés, car tous nos sols livrés à la culture ne sont à mes yeux qu'une variété de la terre primitive ou normale semblable à celle de Clamart.

Pour avoir une idée précise de ces anomalies de la nature, jetons un coup d'œil rapide sur les différentes couches de terre que nous trouvons superposées les unes sur les autres, quand il nous arrive de faire des fouilles plus ou moins profondes, et nous verrons toutes ces substances assez régulièrement placées, quoique cet ordre soit souvent interverti par des circonstances locales et par un grand nombre de causes qui nous sont encore inconnues.

La première couche, considérée comme la croûte superficielle du globe, est, nous le savons, composée des substances les plus fertiles de la terre, car elle seule contient tous les principaux élémens de la végétation. Ces substances, que M. Payen qualifie d'humus ou terreau de débris ligneux et de matières solubles à l'eau, ne sont autre chose que le détritus des végétaux et la décomposition des animaux. Il est facile de se convaincre de cette vérité en observant les feuilles des végétaux qui tombent sur la surface de la terre, où elles se décomposent; le nombre prodigieux des insectes et des animaux qui, après leur mort, par la putréfaction et la décomposition, se réduisent insensiblement en humus ou terreau, pour servir à la régénération du règne végétal.

La seconde couche, d'une épaisseur plus ou moins variable, se compose le plus souvent de matières sablonneuses et de petits silex ou cailloux mélangés avec une faible quantité d'humus, le tout dans un état de division plus ou moins grand.

La troisième couche, d'une épaisseur très irrégulière et qui dans certains cas est presque nulle, se compose de pierres de différentes natures qui ont la propriété de se ramollir, de se dissoudre et de se diviser. La plupart de ces substances pierreuses contiennent en dissolution le carbonate de chaux.

La quatrième couche, d'une épaisseur plus irrégulière et plus difficile à déterminer, est généralement composée de plusieurs substances variées en couleur et en densité, presque toujours humides, argileuses. Eu égard à ces différentes substances et à l'ancienneté de leur origine, il est permis de supposer que les matières sablonneuses, calcaires et argileuses, qui forment aujourd'hui le sol primord ialou le centre intérieur de la terre, ne sont autre chose que la désagrégation des parties granitiques, calcaires et argileuses, qui ont été transportées et déposées sous forme de sédiment par le mouvement des eaux et ainsi placées selon leur ordre de gravité. Il est également permis de supposer que la première de ces couches a été infiniment postérieure aux trois autres, que l'on considère comme les principes fondamentaux du centre de la terre.

Entièrement convaincu que la fertilité du sol doit être calculée sur une échelle de proportion entre l'humus, qui est essentiellement une terre végétale, et les autres substances, qui ne contiennent que peu d'élémens fertilisans, mais qui agissent comme moyen secondaire, comme agent mécanique, j'ai cru devoir prendre l'humus, le sable, le carbonate de chaux et l'argile pour les unités ou les types de ma classification de tous les sols en culture.

Partant, j'ai mis tous mes soins à expliquer l'action réciproque et générale de ces différentes substances les unes à l'égard des autres, et relativement à la végétation de toutes les plantes. J'ai acquis la certitude que l'humus ou terreau est l'alimentation universelle de tout ce qui peut croître sur le globe terrestre ; que le sable est l'agent diviseur de toutes les molécules argileuses ; que l'argile, à son tour, est l'agent d'agrégation des molécules sablonneuses et de l'humus; qu'enfin, le carbonate de chaux est l'agent spécial et correctif de toutes les molécules qui composent la terre proprement dite.

Qui ne sait pas, en effet, que le sable donne de la porosité à la terre ; que l'argile réunit les parties trop déliées ; que l'humus communique la légèreté et sert de nourriture aux plantes ; enfin, que le carbonate de chaux corrige les excès des autres substances et provoque la végétation, en décomposant l'humus ?

A la vue de ces caractères si bien tranchés, j'ai été saisi d'admiration, en pensant que le créateur a établi une harmonie si frappante entre toutes les substances terrestres ; car, dans la composition normale de la terre végétale, nous trouvons une substance spéciale pour chaque élément :

Le sable pour l'air ;

L'argile pour l'eau ;

Le carbonate de chaux pour la chaleur ;

L'humus pour la terre.

Nous devons savoir que l'air, l'eau et la chaleur ne pourraient, sans le sable, se mettre en rapport direct avec les racines des plantes, qui sont quelquefois à de très grandes profondeurs dans l'intérieur de la terre.

Sans l'argile, l'eau passerait trop vite à travers les molécules trop déliées du sable et de l'humus.

Sans le carbonate de chaux, les molécules végétales et animales ne seraient pas décomposées en terre végétale, pour être absorbées ensuite par les racines des plantes, qui aspirent sans cesse l'eau, l'air et l'humus.

Enfin, sans l'humus, il n'y aurait pas de végétation possible sur aucune partie de la terre.

D'après cette nomenclature et ces rapports d'affinité, j'affirme que la vie végétative et le développement complet de toutes les plantes sont subordonnés simultanément aux influences des élémens et aux actions générales du sable, de l'argile, du carbonate de chaux et de l'humus ; car une plante ne peut pas plus vivre sans air, sans eau, sans chaleur et sans terre ou sans soutien, que sans sable, sans argile, sans carbonate de chaux et sans humus ou nourriture.

En poussant plus loin l'analogie, il devient facile de trouver, dans la composition des terres et dans la nature des élémens qui sont ses moteurs universels, un systéme d'organes qui existent et agissent simultanément et qui ont des rapports assez frappans avec l'organisation de l'homme et des animaux.

Ainsi, on peut dire que puisque le sable paraît avoir seul la spécialité de permettre à l'air, à l'eau et à la chaleur de s'insinuer très profondément dans les interstices moléculaires des substances terrestres, il doit être considéré avec quelque raison comme le poumon de la terre.

Comme l'argile paraît avoir la faculté presque spéciale d'absorber toutes les molécules aqueuses, salines, acides, nitreuses, etc., pour les rendre ensuite aux racines des plantes, elle peut être regardée comme le système lymphatique ou absorbant de la terre.

Le carbonate de chaux, ou les différentes variétés de substances marneuses qui forment la terre calcaire, paraissant avoir seul le privilége de corriger et de neutraliser les effets des substances végétales et animales, en provoquant leur décomposition, pour la nourriture de toutes les plantes, peut passer pour le système digestif de la terre.

L'humus enfin étant la seule ou la principale substance indispensable pour la fertilisation de toutes les plantes, l'engrais naturel, que la Providence a répandu indistinctement sur toute la surface du globe terrestre, comme la cause incontestable de tout principe de fécondité, doit être considéré comme la véritable alimentation végétale.

Une pareille opinion, émise au moment où la chimie fait faire ou paraît faire faire de si rapides progrès à l'agriculture, va soulever bien des esprits contre mon système de culture. N'importe, une pareille appréhension ne peut m'arrêter dans mes études et mes observations sur la nature. Pour moi, l'univers est un grand livre où je cherche à lire depuis mon enfance. Quoique le caractère en soit difficile, je vais encore essayer d'en parcourir quelques pages. Que l'impression que produit ce livre sacré est admirable! que l'édition en est belle et inaltérable! que la publication en est ancienne! Pourrait-on méconnaître l'immortel auteur de ce chef-d'œuvre?

Je vais actuellement classer en peu de mots tous les sols en culture, les divisant en quatre grandes catégories distinctes et bien caractérisées.

Dans la première, je comprendrai tous les sols où l'humus dominera avec excès : elle sera désignée sous le nom de terre normale, comme étant la terre végétale primitive.

Dans la seconde seront compris tous les sols où le sable et le silex paraîtront dominer : je la nommerai terre siliceuse ou sableuse.

Dans la troisième seront compris tous les sols où les substances essentiellement marneuses se trouveront avec excès : je l'appellerai terre calcaire.

La quatrième et dernière catégorie renfermera tous les sols où l'argile et l'humus seront en abondance : je la qualifierai de terre argileuse.

Les quatre grandes catégories que je viens d'établir sont douées chacune de qualités spéciales, qui les font facilement reconnaître. Ces quatre types distinctifs, quoique soumis à une multitude de circonstances, qui ne permettent que rarement de les rencontrer dans leur état de pureté, parce qu'elles amènent des variétés à l'infini, ont chacun une organisation particulière que l'on perçoit généralement par la vue et le toucher, et qui se manifeste le plus souvent d'une manière patente, par leur situation, leur profondeur, et leurs produits naturels.

Ainsi l'humus, qui forme la base de la première classe, est tantôt d'un gris foncé et de couleur de reinette, tantôt de couleur de châtaigne claire ou de noisette. La première espèce est considérée comme la meilleure terre; la seconde, qui n'est qu'une variété, ne possède pas tant de qualités fertilisantes.

Les terres normales se divisent et se pulvérisent facilement sous les doigts; elles sont généralement douces, se travaillent aisément et ne forment point de croûte épaisse, ni de fentes sensibles dans les fortes chaleurs; comme aussi elles ne deviennent pas, dans les temps humides, gluantes, onctueuses et pétrissantes, avantage inappréciable pour l'agriculture.

Elles sont ordinairement plutôt basses qu'élevées, plutôt humides que sèches, ce qui prouve leur grand principe de fertilité; elles possèdent presque toujours une température modérée légèrement humide, car elles sont ordinairement situées le long des fleuves, des rivières et des ruisseaux.

Elles ont presque constamment un mètre et même plus de profondeur, ce qui permet d'y cultiver, non-seulement toutes les plantes agricoles, mais encore tous les arbustes et tous les arbres qui exigent le plus de nourriture, pour suivre sans obstacle les périodes de leur développement.

Parmi les plantes qui y croissent naturellement, on remarque surtout le hièble ou sureau, les graminées, le trèfle sauvage, le pommier sauvage, le prunier, la ronce, la mauve, le séneçon, etc.

Le sable, qui forme la base de la seconde classe et qui ne possède à son état de pureté aucun principe de fertilité, mais qui agit comme un moyen mécanique ou secondaire, est ordinairement de couleur cendre, d'un clair obscur ou d'un rouge jaunâtre, selon les différentes substances minéralogiques qui s'y trouvent désagrégées. La première de ces terres est d'une qualité médiocre ; mais la seconde est fort mauvaise.

Elle est acide au toucher, graveleuse, légère, se divisant au plus faible contact.

La terre siliceuse est plutôt sèche qu'humide, plutôt élevée que basse.

Sa profondeur varie de deux à quatre décimètres, ce qui constitue une grave difficulté pour les labours et surtout pour les plantations des arbres fruitiers et forestiers. Peu de plantes y prennent beaucoup de développement, et les arbres fruitiers ne peuvent y vivre que quelques années; car, le plus souvent, le sous-sol est excessivement siliceux et presque toujours d'une grande sécheresse.

La carotte sauvage, le salsifis, le serpolet, la pimprenelle, la lupuline, le farouche sauvage sont les plantes de prédilection de la terre siliceuse susceptible d'être cultivée; dans celle qui contient peu de principes fertilisans, on voit croître les bruyères, les genêts, la fougère et les pins.

Les substances marneuses, qui forment la base de la troisième classe, et qui, dans leur état de pureté, sont très ardentes et légères, réunies à l'argile, au sable et à l'humus, forment une espèce de terre calcaire grasse et gluante, moins compacte que la glaise, moins meuble que la sablonneuse, mais se divisant assez facilement et se dissolvant aisément par les gelées, ordinairement plutôt sèche qu'humide, et plutôt élevée que basse.

Sa profondeur est assez irrégulière, car souvent elle repose sur un sous-sol marneux profond et d'autres fois sur une base de pierrailles ou sur un tuf granitique. Elle peut varier de quatre à six décimètres en plus et moins.

Le sainfoin sauvage, le tussilage ou pas-d'âne, la ronce,

le chardon, la carotte sauvage, sont des produits qui annoncent l'existence d'une terre contenant en quantité des substances marneuses.

Enfin, l'argile, qui est le principe fondamental de la quatrième classe, et qui, dans son état de pureté, n'est capable de nourrir aucune plante, mais qui, réunie à l'humus, au calcaire et surtout au sable, son plus puissant auxiliaire, peut acquérir une grande fertilité, se fait facilement reconnaître par les signes distinctifs que nous avons déjà mis en usage.

Sa couleur est grisâtre, quelquefois noirâtre, luisante, comme si on y avait répandu un vernis, surtout après de fortes pluies.

Elle est molle, très onctueuse et très malléable dans les temps humides; ferme, pesante, dure et indivisible dans les fortes chaleurs, pendant lesquelles elle éprouve beaucoup de retrait.

Elle est plutôt humide que sèche, basse qu'élevée. Elle domine dans les marécages, dans les terrains aquatiques, dans les plaines d'alluvion.

Sa profondeur varie d'un mètre à un mètre et demi et même davantage. Son sous-sol, toujours humide, et d'une excessive profondeur, permet d'y cultiver les arbres de toute espèce.

Les produits naturels de la terre argileuse sont les joncs, les plantes aquatiques, la menthe sauvage, les orties, la luzerne rustique, le chardon, le grand fromental, l'avoine sauvage, etc., etc.

On voit facilement que, d'après le mélange, dans des proportions différentes, des quatre substances que nous avons analysées, humus, sable, cabonate de chaux et argile, d'après leur degré de finesse, de légéreté, de porosité, de tenacité, de divisibilité, tous nos sols ont dû être diversement modifiés depuis qu'ils sont livrés à l'agriculture ; de telle sorte que les uns sont fertiles, les autres médiocres et le plus grand nombre très mauvais.

Le caractère de chaque grande catégorie étant ainsi établi, les signes distinctifs qui les font reconnaître se trouvant ainsi déterminés, il sera maintenant facile de classer au premier coup d'œil tous les sols en culture et d'en opérer ensuite le mélange intelligent.

Je n'entrerai pas dans la recherche et dans la définition de toutes les sous-variétés, et je réduis ma classification à quatre grands types, dans le but d'être mieux compris de tous les cultivateurs des campagnes.

CHAPITRE III.

Altération graduelle de tous les sols en culture.

Un sol en culture, quoique profond, substantiel, meuble et très fertile, peut en plusieurs années s'altérer d'une manière plus ou moins sensible, selon sa pente et son exposition. Souvent une terre paraît bonne en apparence, et en réalité les produits sont médiocres ; le plus ordinairement alors c'est une couche de terre végétale très mince qui couvre quelques silex, de la pierre, de l'argile, du tuf argileux, etc., etc., matières qui ne sont pas susceptibles, dans leur état de pureté, d'être assimilables à la végétation des plantes. L'expérience de tous les jours nous apprend que les terres superficielles ne peuvent nourrir pendant plusieurs années des plantes et des arbres, dont le plus grand nombre exige 50 centimètres et quelquefois plus de profondeur ; que même beaucoup de terres peuvent changer de nature et arriver à une altération profonde, qui les amène sensiblement à un état de stérilité.

Quoique tous les cultivateurs sachent que tous nos sols en culture peuvent se détériorer après plusieurs siècles, tous ne connaissent pas, je crois, la réunion des diverses circonstances qui tendent à produire ce résultat. Qu'il me soit donc permis d'entrer dans quelques détails à ce sujet, pour éclairer quelques agriculteurs inexpérimentés.

D'aprés mes observations, je crois pouvoir assurer que tous nos vieux sols en culture ont subi des changemens et des transformations incalculables depuis la création du monde.

1° Par le désordre des soulèvemens ;

2° Par le ravage des eaux ;

3° Par la continuité de la végétation des plantes ;

4° Par les divers genres de culture ;

5° Enfin, par l'incurie des cultivateurs.

DÉSORDRE DES SOULÈVEMENS.

Il est bien évident que les révolutions que le globe terrestre a subies et qui se sont succédé à des intervalles impossibles à déterminer dans l'état actuel des connaissances humaines, mais cependant appréciables par les traces qu'elles ont laissées à leur suite, ont occasioné cette confusion et ce mélange de terres qu'on observe généralement sur toute la surface du globe.

En jetant un coup d'œil sur la plaine, les vallons et les coteaux, il nous est facile d'expliquer la diversité des terres par le désordre des soulèvemens; car dans les plaines sont les terres normales ou argileuses, dans les vallons et sur les coteaux les terres siliceuses ou calcaires.

Une infinité de circonstances peuvent occasioner de pareils désordres; des coteaux, sapés dans leur base par des cours d'eau souterrains, minés sur les bords par des ruisseaux ou des rivières rapides, sont entraînés peu à peu; leurs matières solubles et insolubles se détachent, des ravins s'y creusent, des précipices s'y forment, et au bout de quelques siècles on voit, à la suite de ces éboulemens, disparaître des coteaux, disparaître même de hautes montagnes.

Alors la nature du sol change d'aspect ; l'œil du cultivateur n'aperçoit plus qu'une masse informe, incapable d'aucune production ; il abandonne ce sol dévasté, ou plutôt il attend de longues années ; il attend que les vents, le hasard, quelque circonstance inopinée, viennent y transporter des graines de plantes sauvages qui y croissent, s'y développent, s'y décomposent et ramènent, par leur décomposition surtout, quelques principes de fertilité sur cette terre délaissée ; dès ce moment, elle redevient encore l'objet de ses soins et de sa culture.

RAVINEMENT DES EAUX.

Qui n'a pas observé que le ravinement des eaux pluviales fait diminuer la surface de la terre ou plutôt la superficie de nos sols en culture, en soulevant les parties les plus légères et en les entraînant dans les parties les plus déclives du globe? Que l'on multiplie par le nombre des siècles la quantité de terre perdue chaque année sur un sol en culture, et l'on demeurera étonné du résultat. Chaque sol en culture, dans une position plus ou moins régulière et exposé à une pente plus ou moins rapide, peut bien perdre chaque année quelques millimètres de sa surface. Que l'on essaie de faire ce calcul, et l'on obtiendra la conviction que depuis bien des siècles nos sols en culture ont été prodigieusement altérés par le ravinement des eaux.

Je pourrais citer bien des sols en culture qui, dans l'espace de peu d'années, sont arrivés à un état de stérilité complète.

La plupart des coteaux et les revers des côtes du département de la Dordogne, les régions nord-est surtout, en sont des exemples frappans. La surface de ces sites pittoresques est presque entièrement dépouillée de terre végétale ; à peine si quelques genêts, quelques bruyères et de faibles taillis peuvent se développer sur ces crêtes incultes et arides. D'immenses blocs de pierres et d'énormes silex sont les témoins irrécusables du ravinement des eaux. Combien d'altérations ce désordre a causées, combien de changemens il a opérés dans la nature des terres, tantôt en leur enlevant tout principe de fertilité pour mettre à nu un sous-sol argileux ou pierreux, tantôt en mélangeant ce sous-sol avec le sol lui-même !

EFFETS DE LA VÉGÉTATION DES PLANTES.

Nous devons tous être pénétrés de cette grande vérité : que la végétation de toutes les plantes use sensiblement la terre et l'amènerait à un état de stérilité presque complet, si les fumiers, les transports de terre et autres engrais ne venaient remplacer la perte des substances fertilisantes qu'absorbent constamment les racines des plantes. Depuis plusieurs années surtout, les cultivateurs paraissent comprendre l'utilité du fumier et des engrais pour amender leurs vieux sols en culture, épuisés par la multiplicité des récoltes qui se sont succédé depuis tant de siècles. Ils oublient que la couche de terre diminue et que les plantes s'y cultivent avec beaucoup moins de succès que les années précédentes. Cette observation les engage à labourer plus superficiellement leurs sols légers et ardens, craignant de toucher au sous-sol, qui rendrait leur terre végétale encore plus ingrate ou moins productive.

La plus grande cause de l'épuisement des terres provient, comme l'on sait, de l'inobservation d'une bonne méthode d'assolement ; mais affirmer qu'il y a des plantes améliorantes et des plantes épuisantes, c'est encore une question difficile à résoudre, pour laquelle cependant il y a d'excellentes raisons à donner ; car il est reconnu que la culture de certaines plantes est plus facile, permet d'ameublir la terre et d'en extraire les mauvaises herbes ; puis il en est qui peuvent s'enlever du sol avant leur maturité, tandis que d'autres sont d'une culture plus pénible et plus difficile, et ne peuvent se cueillir qu'à une complète maturité.

Puisque parmi les plantes les unes ont des racines pivotantes et les autres des racines traçantes, pourquoi ne pas admettre que les premières doivent puiser leurs principes de développement à une certaine profondeur du sol, et les secondes absorber à la surface même les principes de leur nutrition ? En conséquence, il est utile d'alterner à chaque récolte les plantes à racines pivotantes et les plantes à racines traçantes. Ce mode de culture est un bon moyen de conserver plusieurs années la fertilité des terres, sans avoir recours aussi souvent à l'usage immodéré des fumiers.

LES DIVERS GENRES DE CULTURE.

Les divers genres de culture contribuent aussi à l'altération de tous les sols, car les labours, les sarclages, les binages soulèvent constamment la terre végétale, la rendent plus meuble, plus légère et par conséquent plus susceptible d'être entraînée par son ordre de gravité ainsi que par le ravinement des eaux. Les sols exposés à une pente très rapide nous en offrent des exemples frappans. Des ornières très profondes, qui sillonnent chaque année une partie de ces sols légers et ardens, permettent aux eaux pluviales de déposer des amas de sable, de terre végétale et de silex dans la partie la moins élevée.

La méthode des labours à gros sillons occasione quelquefois de grands désordres dans les terres légères et ardentes, car les eaux resserrées suivent avec rapidité le fond du sillon, et dans leur course entraînent les parties les plus légères et celles qui offrent le moins de résistance ; aussi est-il ordinaire de voir les terres des coteaux suivre le cours des eaux et couvrir les prairies qui se trouvent au-dessous d'amas de sable et de silex emportés par les pluies d'orage.

Devant de pareils faits, qui se répètent tous les jours, pourquoi ne pas changer le mode de culture? Il y va cependant du plus grand intérêt de tous les propriétaires, surtout de ceux qui habitent des contrées où les accidens de terrain sont nombreux. Le meilleur procédé à employer en pareille circonstance consiste à diviser la pente en amphithéâtre d'une certaine largeur, de manière à ce que chaque plan ait une pente peu sensible. La terre devrait être labourée à plat et à planches ; au bout de chaque sillon on établirait une digue pour empêcher l'écoulement des eaux ; ces digues seraient plus ou moins espacées selon la pente, savoir : de 3, 4 ou 5 mètres. Les eaux pluviales seraient retenues dans ces petits bassins artificiels, et s'infiltreraient dans la terre. On connaît l'utilité des sillons d'écoulement pour l'assainissement des terres froides et humides ; pourquoi ne pas employer le moyen que j'indique, qui présente un double avantage, celui d'empêcher le ravinement des eaux et celui de remédier à la sécheresse des terres ardentes et légères ?

INCURIE DES CULTIVATEURS.

Il y aurait beaucoup à ajouter à ce sujet si l'on voulait mettre au jour toutes les imprévoyances et les impérities du plus grand nombre des cultivateurs. Il me serait bien facile de citer nombre de cas de ce genre ; mais au lieu d'incriminer cette indifférente et malheureuse conduite, il me semble plus convenable d'instruire et d'éclairer nos agriculteurs, en établissant des faits incontestables.

Le mauvais entretien des chemins de servitude, l'encombrement des fossés qui les bordent et dont le but doit être l'assainissement des terres, le défaut de nivellement des surfaces des sols en culture, l'oubli des rigoles d'écoulement et des irrigations, sont les circonstances les plus déplorables dans l'exploitation d'une propriété rurale, car les terres arables et les prairies ont beaucoup à souffrir du ravinement et du séjour des eaux. L'imprévoyance des funestes effets produits par l'absence de toutes ces précautions amène inévitablement la ruine de la propriété et la misère des cultivateurs.

Il est encore une circonstance qui contribue puissamment à ce résultat : c'est le système de colonage, qui est un véritable vandalisme dans toutes les propriétés ; mauvaise culture, indifférence pour toutes les innovations agricoles, pillage, dévastation, telles sont les conséquences de ce déplorable système de nos départemens du centre de la France. Puissent les progrès de l'agriculture faire disparaître cet antique usage, ruineux pour le propriétaire, pour le cultivateur et surtout pour le sol.

Maintenant que j'ai fait connaître les causes générales de l'altération de tous les sols en culture, je vais parler de l'altération de chacun de ces sols d'une manière particulière.

TERRE NORMALE.

Une terre était normale, il y a plusieurs siècles, et dans une position légèrement inclinée. De terre normale à l'état substantiel et profond, elle a pu devenir terre normale à l'état superficiel et léger, et même passer à l'état de terre siliceuse; car les parties les plus légères, suivant toujours le cours des eaux, l'humus a dû d'abord disparaître, ensuite le sable, puis le carbonate de chaux; il n'est alors resté que le silex et l'argile, qui ont dû former en dernier lieu la base du sol. Regardons nos coteaux et les revers des côtes; nous les verrons presque entièrement dépourvus d'humus, de sable et de carbonate de chaux. Les substances siliceuses, les schistes et les pierrailles y dominent; mais peu de plantes peuvent s'y développer. Les arbres forestiers qui y croissent naturellement, comme le chêne, finissent par améliorer le sol stérile, au moyen de la décomposition de leurs feuilles, qui tombent à l'approche de l'hiver. Après plusieurs années de culture forestière, ces sols sont encore susceptibles d'être convertis en terres arables; mais ils sont toujours légers et ardens, reposant sur un sous-sol siliceux, schisteux, ou sur des substances pierreuses.

Une terre normale peut avoir été altérée dans sa composition primitive par une cause différente. Je la suppose située entre deux coteaux, formant une colline serrée des deux côtés; elle a pu devenir normale très substantielle et profonde, terre argileuse, alumineuse même, recevant constamment les parties de l'humus, du carbonate de chaux et de l'argile qui se détachent du coteau supérieur. Elle a pu devenir encore terre aquatique, terre humide, tourbeuse même, les eaux ne pouvant par la suite s'écouler librement, de la surface par les dépôts d'alluvion qui forment insensiblement des digues plus ou moins élevées. Ces terres ne sont plus alors capables de produire que des joncs, des roseaux et quelques arbres forestiers. Il est facile de se convaincre de cette vérité en observant ce qui se passe dans les marais.

TERRE SILICEUSE.

Nos terres siliceuses d'aujourd'hui ont dû éprouver les changemens que je viens de relater dans l'altération de la terre normale ; et d'après une pareille observation, je crois pouvoir affirmer qu'elles étaient terres normales il y a plusieurs siècles, et qu'elles arriveront en peu d'années à une stérilité presque complète si l'on n'a bientôt recours à un procédé d'amélioration.

TERRE CALCAIRE.

Les terres calcaires s'altèrent insensiblement lorsqu'elles sont situées sur les coteaux et dans les plaines, car l'agile qui y domine s'oppose au soulèvement et au ravinement des eaux ; mais lorsquelles sont situées dans les collines, elles peuvent se trouver dans les mêmes conditions d'altération observées pour les terres normales.

Il y a plusieurs siécles, nos terres calcaires étaient d'excellentes terres normales substantielles et profondes, et dans quelques siècles elles seront frappées de stérilité, reposant un jour sur un sous-sol de tuf argileux ou de pierrailles. La plupart des coteaux du Périgord nous en offrent de nombreux exemples; car, dans certaines contrées, les arbres forestiers ne peuvent pas même croître sur ce sol entièrement dépourvu de terre végétale.

TERRE ARGILEUSE.

Nos terres argileuses devaient être autrefois des terres normales, comme j'ai déjà fait cette observation en traitant des terres normales primitives; plus tard elles pourront devenir terres aquatiques, humides, tourbeuses, sur lesquelles se développeront des plantes de marécage.

D'après cette série d'observations, tous les cultivateurs doivent comprendre que les terres des plaines s'altèrent insensiblement; que celles des coteaux et des côtes subissent à leur tour le même sort et finissent par se trouver dans des conditions peu favorables à la végétation de la plupart des plantes. Aussi les cultivateurs savent-ils profiter de cette importante distinction en confiant les céréales et les plantes sarclées aux terres normales des plaines, les vignobles aux coteaux, les prairies aux vallons et les arbres forestiers aux revers des côtes. Cette conduite sage et prudente est le fruit de l'expérience et du raisonnement.

CHAPITRE IV.

Recomposition générale de tous les sols en culture.

A n'en pas douter, tous les sols en culture finiraient par se fatiguer d'un excès de végétation si les agriculteurs n'avaient le soin de les amender le plus souvent possible pour les tenir incessamment dans des conditions de fertilité.

Les fumiers sont certainement un des moyens puissans que l'on doit employer pour stimuler l'énergie des plantes et pour réparer l'épuisement des terres. C'est un fait de pratique reconnu et approuvé depuis bien des siècles par tous les agriculteurs. Mais cette vérité, tout incontestable qu'elle est, peut-elle porter atteinte à mon procédé de régénération de l'agriculture par le mélange intelligent des terres? Raisonnons, car en agriculture, comme dans les autres sciences, tout doit être soumis au contrôle de la plus saine logique.

En admettant que tous les sols éprouvent des variations sensibles, que la température change selon les saisons, et surtout en admettant que les plantes ne se nourrissent pas de la même manière dans le sein de la terre, n'est-il pas juste de dire que l'usage des fumiers doit être subordonné essentiellement à la diversité du sol, à la température de la saison et à la nature de la plante? Il est rare, pour ne pas dire impossible, de leur voir posséder simultanément toutes les qualités, tandis que la recomposition, par le transport des terres, remplit toutes les conditions désirables, s'harmonisant parfaitement avec les influences de tous les climats, de toutes les saisons et de tous les sols en culture, dont le concours est indispensable pour la végétation de toutes les plantes.

Bien que je m'exprime avec un peu trop de franchise et d'aigreur sur l'abus des fumiers, je dois cependant certifier qu'il n'a jamais été dans ma pensée d'en critiquer l'usage rationnel, mais bien d'en faire ressortir tous les inconvéniens lorsqu'on les emploie d'une manière trop absolue.

Veut-on une preuve plus convaincante de ce que j'avance? La voici : Que l'on fume un hectare de terre sablonneuse et un hectare de terre argileuse avec le même fumier et dans des proportions convenables ; que l'on recompose ensuite même surface de terre sablonneuse et de terre argileuse, l'une par des transports de terre argileuse ou terre forte, l'autre par des transports de terre siliceuse ou terre ardente, et il en résultera, pour la première méthode, des inconvéniens que tout le monde sait; pour la seconde, des avantages qui n'ont pas besoin de commentaire.

Dans les terres sablonneuses, les produits agricoles seront excessivement précoces et d'une végétation peu soutenue, si les chaleurs du printemps et de l'été se font trop vivement sentir. Dans les terres argileuses, au contraire, les plantes seront très tardives et d'une végétation languissante, si les pluies sont fréquentes au printemps et à l'été. Dans le premier cas, les plantes seront altérées et desséchées avant leur maturité ordinaire; dans le second, elles seront noyées et pourront arriver à peine à un développement complet. Ces observations ne sont-elles pas de tous les temps, de tous les lieux, de toutes les années?

Le transport des terres n'est-il pas, dans ces diverses circonstances, un remède efficace? Que le printemps et l'été soient pluvieux ou ardens, humides ou secs, il est positif que les plantes cultivées dans les sols améliorés par les transports de terre arrivent toutes ou presque toutes à leur développement et maturité ordinaires. D'ailleurs, laissons parler l'expérience.

Parmi les agriculteurs d'une même localité, on voit presque toujours les uns se plaindre de la médiocrité des récoltes, les autres se féliciter de leur abondance; et cependant toutes les circonstances paraissent égales, car ils travaillent avec les mêmes instrumens aratoires, font usage des mêmes fumiers et suivent les mêmes principes de routine. Où réside donc la cause d'une aussi grande différence dans les produits? Ne tient-elle pas à cette seule circonstance, que les uns ont ensemencé des sols froids et humides, les autres des sols chauds et légers? Ecoutons leur langage, qui, en pareille occasion, est toujours invariable. Dans les terres légères et ardentes, disent-ils, on ne peut espérer de retirer le fruit de ses travaux, si des pluies très fréquentes ne surviennent au printemps ou dans l'été, attendu que les plantes arriveraient à un dessèchement complet avant le terme ordinaire de la maturité; dans les terres fortes et argileuses, la plupart des plantes sont tardives et d'une végétation languissante, s'il n'arrive pas au printemps et dans l'été surtout de fortes chaleurs. Aussi voit-on ces agriculteurs se prononcer d'avance sur les produits de chaque année, sur l'abondance ou la disette des foins, des céréales, des légumes, des vins, répétant à satiété ce vieil axiome : *A terre froide, chaleur; à terre ardente, pluie.*

Un pareil langage n'est-il pas une critique amère de leur mode de culture ? Ces faits ne sont-ils pas une protestation manifeste contre l'usage absolu du fumier ?

Rendons toutefois justice à quelques-uns de ces agriculteurs qui, mieux inspirés sans doute que leurs voisins, vont chercher des terres marneuses à des distances souvent fort éloignées, pour en couvrir leurs sols froids et humides, afin de les mettre dans des conditions de fertilité, ou bien vont sur le bord des rivières et dans de basses collines prendre des terres fortes et argileuses qu'ils mélangent avec leurs sols sablonneux, pour en obtenir plus de fécondité. Sans pouvoir expliquer l'action de ces mélanges, ils en comprennent néanmoins la nécessité et les avantages par l'abondance des récoltes, qui en est presque toujours le résultat. Pour eux l'expérience est la meilleure des écoles, car elle ne les trompe jamais. Cette conduite ne prouve-t-elle pas l'insuffisance notoire des fumiers et les avantages incontestables de la recomposition par le mélange des terres ?

Mais comme avec beaucoup de gens il faut, pour amener la conviction, avoir mille fois raison, jetons, pour dernier argument, un coup d'œil sur les anomalies du globe.

Où se trouvent les terres fertiles, les terres médiocres et les terres mauvaises ? Les plus fertiles sont auprès des fleuves, des rivières, des ruisseaux, dans les vallées ; les médiocres, dans les plaines élevées ; les mauvaises, sur les coteaux et sur les revers des côtes. L'explication de cette situation géologique est facile à donner. Les terres qui sont dans les vallées et dans le voisinage des rivières et des ruisseaux sont presque toujours fertiles, parce que les parties de l'humus qui se détachent des coteaux supérieurs, ainsi que les fumiers et autres engrais qui pouvaient avoir servi à la culture des terres, suivent incessamment le cours des eaux et forment des dépôts d'alluvion dans les parties les plus déclives. Quel est l'agriculteur qui n'a pas observé mille fois que le ravinement des eaux opérait ces immenses mutations; que rien ne se perd dans la nature, et que s'il y a augmentation de fertilité dans les sols inférieurs, c'est toujours au détriment des sols supérieurs? Dans les plaines élevées, c'est-à-dire dans celles dont la pente est sensible, les terres sont presque toujours médiocres, ce qui se comprend facilement, car elles perdent constamment par le ravinement des eaux et vont féconder les sols inférieurs. Il est facile de comprendre qu'après plusieurs siècles de culture, les terres doivent être excessivement médiocres, bien que les agriculteurs cherchent à les engraisser par un usage fréquent de fumiers et d'engrais. Sur les coteaux et sur le revers des côtes, sont les terres les plus ingrates, car les parties les plus légères sont entraînées chaque jour; et en peu d'années le sous-sol argileux, siliceux ou pierreux est presque entièrement à découvert, tandis que les vallons augmentent de superficie et de fécondité.

Que pourra-t-on arguer contre de pareils exemples? Y a-t-il rien à opposer à l'éloquence des faits? Je sais qu'il y en a qui pensent avoir tout prouvé en donnant à ceux qu'ils combattent l'épithète d'utopistes et de novateurs téméraires; mais je n'en persisterai pas moins à dire que ma théorie mise en pratique est un des moyens les plus puissans pour améliorer la position précaire du plus grand nombre des cultivateurs, qui ont sous leurs yeux et dans leurs bras tous les élémens de l'abondance, et qui restent plongés dans une coupable indifférence.

Il est donc évident qu'il existe un vice radical dans notre mode actuel de culture, qu'il faut se hâter de changer si nous voulons conserver nos terres arables. Avant tout, établissons le corollaire suivant, qui découle de la théorie que nous avons assise sur une multitude de faits incontestables. Les fumiers peuvent être considérés comme les stimulans les plus naturels du règne végétal ; mais le mélange intelligent des terres est le seul, le vrai, le puissant moteur de la végétation de toutes les plantes.

Dans les chapitres précédens, j'ai fait la classification de tous les sols en culture par l'analyse des matières qui les composent. J'ai également énuméré les différentes causes de leur altération. Il ne me reste plus actuellement qu'à poser les bases d'une bonne recomposition. Pour arriver à un pareil résultat, je vais d'abord m'appuyer sur le caractère spécial de chaque sol, en faisant ressortir les avantages que chacun d'eux réunit et les inconvéniens qu'il présente. J'observerai attentivement la nature ; je la suivrai dans sa marche, et je chercherai à l'imiter dans ses moyens de fertilisation et de reproduction naturelle.

TERRE NORMALE.

Avantages.

Cette terre réunissant les conditions les plus favorables à la végétation, il devient facile d'y cultiver toutes les plantes et tous les arbres de nos climats de l'hémisphère septentrional. Les variations atmosphériques et les intempéries des saisons amènent rarement des effets désastreux sur les productions agricoles de ce sol. Le labourage s'y fait en toutes saisons, en toutes circonstances avec la plus grande facilité, et cette terre, qui se touve constamment dans un état de légèreté et d'ameublissement, permet tous les genres de culture.

Inconvéniens.

Il est difficile de pouvoir attribuer des inconvéniens à ce sol, qui possède toutes les qualités qui font les meilleures terres ; cependant, comme il est ordinairement plus bas qu'élevé, et par conséquent plutôt humide que sec, je dois faire observer que sa surface peut être quelquefois trop uniforme, trop plane, ce qui peut devenir un obstacle au libre écoulement des eaux pluviales et nuire ainsi au développement de certaines plantes.

Mode de recomposition.

Sa recomposition doit nécessairement être calculée d'après son rapport d'approximité avec le sous-sol, qui peut faire éprouver à cette terre des changemens divers par la profondeur des labours, selon qu'elle repose sur une couche d'argile, de marne, de silex ou de sable.

En raisonnant *à posteriori,* on arrivera à établir les deux règles suivantes : 1° Toute végétation annonçant un développement progressif, une maturité graduelle indique une terre normale substantielle et profonde, reposant sur un sous-sol argileux ; 2° toute végétation luxuriante, produisant un accroissement trop rapide et une maturité trop précoce, désigne une terre normale légère, reposant sur un sous-sol marneux, siliceux ou sableux. Ces deux caractères de position sont infiniment importans à connaître pour opérer des changemens avantageux par le transport et le mélange intelligent des terres.

La terre normale substantielle et profonde pourra être fertile pour plusieurs années, sans le secours des transports de terre. On peut se borner à l'usage de quelques fumiers et engrais appropriés à sa nature, car le sol le plus riche en humus finit toujours par se fatiguer à la longue de la végétation d'un grand nombre de plantes, qui absorbent et soutirent constamment des quantités considérables d'élémens de nutrition. Le vrai talent du cultivateur, c'est de rendre à la terre ce qu'il a pris à la terre par les produits qu'elle lui a donnés.

La normale légère, manquant de profondeur et n'étant pas assez substantielle, n'offre pas une végétation aussi régulière et aussi soutenue. Elle réclame les prompts secours de la recomposition, car en peu d'années elle deviendrait, par la profondeur des labours, plus sèche, plus légère, plus ardente, se mélangeant dans des rapports plus ou moins défavorables avec le sous-sol marneux, siliceux ou sableux. Il faut alors se hâter d'y transporter des terres argileuses ou des terres fortes, ou bien encore des terres normales substantielles et profondes, afin de lui rendre l'humidité et la densité qui commencent à lui manquer.

Me fera-t-on observer qu'il est indispensable de déterminer le nombre des charrois qui sont nécessaires pour opérer ces transports et ces mélanges dans tous les sols en culture, de quelque nature qu'ils soient, je répondrai qu'il serait fort difficile d'en désigner *à priori* toutes les quantités et les proportions; mais je pense que tout cultivateur un peu observateur et expérimenté devra facilement comprendre ce mélange et le modifier selon les circonstances, comme il le fait ordinairement dans l'emploi des fumiers et des engrais qu'il répand, selon l'exigence du sol. D'ailleurs, il devra constamment s'attacher à mettre chaque sol dans un état de fraîcheur, de consistance et d'ameublissement convenables, et ne jamais perdre de vue que par l'argile il augmente l'adhésion, l'affinité des molécules ; que par le sable il obtiendra la légèreté, la chaleur, la division des molécules ; que par les substances marneuses ou calcaires, tout en produisant aussi plus de légèreté et de division, il provoquera une plus prompte décomposition des substances végétales et animales ; enfin que par l'humus ou terreau il trouvera une plus grande quantité d'élémens fertilisans pour toutes les plantes.

TERRE SILICEUSE.

Avantages.

Le plus grand avantage qui résulte de la culture de cette terre, d'une nature en apparence assez ingrate, consiste dans une véritable spécialité qu'elle offre pour la culture des plantes légumineuses. Si le printemps est marqué par de fréquentes pluies, on est certain d'obtenir dans ce sol les primeurs de la saison et des produits non-seulement très précoces, mais encore d'une grande valeur. Demandez à quelques agriculteurs intelligens, placés près des grandes villes, comment ils sont parvenus, en peu d'années, à une aisance remarquable : ils vous diront que c'est en vendant des denrées très rares et très recherchées qu'ils ont obtenues dans les terres siliceuses.

Inconvéniens.

Ce sol, naturellement trop léger et trop poreux, a le grave inconvénient d'être entraîné par le ravinement des eaux pluviales, surtout après les labours et la culture. Cette terre se trouvant trop divisée par une grande quantité de sable, l'air et la chaleur doivent pénétrer à une grande profondeur, en absorber en peu de jours toute l'humidité et nuire par là au développement des racines des plantes, qui ne peuvent plus fournir de sève à l'accroissement de la tige, car la chaleur solaire pompe plus d'humidité dans la plante que les racines n'en soutirent du sein de la terre. Ce défaut d'équilibre dans la nutrition de la plante l'amène inévitablement à un dépérissement complet ou à une maturité trop précoce, si de fréquentes pluies ne viennent la raviver au printemps et à l'été.

Mode de recomposition.

La terre siliceuse peut reposer sur un sous-sol éminemment siliceux ou sur un sous-sol argileux. Cette distinction est de la plus grande utilité à connaître pour opérer une bonne recomposition.

Quand elle repose sur un sous-sol siliceux profond, ce qui se reconnaît à une plus grande légèreté et divisibilité de la molécule, il devient indispensable d'y transporter une grande quantité de terre argileuse et normale substantielle profonde, pour la mettre dans un état de fraîcheur et de densité convenables; car, avant peu d'années, par la profondeur des labours, on arriverait au sous-sol siliceux, et, par ce mélange désavantageux, on n'aurait plus qu'une terre improductive.

Repose-t-elle au contraire sur un sous-sol argileux, ce qui s'annonce par un léger degré d'humidité, il faut y transporter une grande quantité de terres normales légères pour arrêter une tendance d'humidité qui ne manquerait pas de nuire plus tard à la germination de beaucoup de plantes.

Ces deux variétés de terre siliceuse, désignées ordinairement sous la dénomination de terre sablonneuse et de silico-argileuse, se trouvent sur la plus grande étendue de la France, surtout dans les départemens du centre.

En général les terres qui sont dans les plaines sont siliceuses ou sableuses; celles qui sont sur les coteaux sont éminemment siliceuses, les cailloux formant la plus grande partie du sol; celles qui sont dans les collines sont presque toutes silico-argileuses, le sable s'y trouvant accumulé avec l'argile; car ces deux substances suivent facilement le cours des eaux, le sable par la légèreté et l'argile par sa facile dissolution. Il résulte que le sable et l'argile suivent la même pente, se rendent dans les régions les plus déclives et se réunissent par la loi invariable des mélanges.

Rien de plus facile que de faire des transports avantageux dans ces localités, car toutes les substances organiques de la terre végétale sont à très peu de distance les unes des autres. Ici se trouve le sable; là se rencontre l'argile; plus loin des masses de terre normale croupissent dans les eaux, formant la base d'une prairie humide ou complétement aquatique; non loin de là quelquefois gisent de riches dépôts de marne, sous des terres normales légères et même sous des sols stériles. N'est-ce pas un surcroît d'élémens pour l'amélioration des terres siliceuses?

Donc, sondez vos prairies humides, vos terres tourbeuses, qui sont au-dessous des sols ardens et légers, et vous trouverez un mètre et plus de terre normale substantielle enfouie dans le sein de la terre depuis plusieurs années; enlevez des milliers de charrois pour amender les sols circonvoisins, et sous peu de temps vous aurez de bonnes terres arables et d'excellentes prairies. Qui pourrait méconnaître les avantages inappréciables qui résulteraient d'une pareille pratique?

TERRE CALCAIRE.

Avantages.

Lorsque cette terre est substantielle et profonde, elle réunit des conditions favorables pour le plus grand nombre des plantes; car, dans cette circonstance, la végétation s'y montre trés luxuriante et a beaucoup de rapport avec celle de la terre normale légère reposant sur un sous-sol marneux. Quand les pierres de moulière y sont en grande quantité, les légumes et les fruits y acquièrent une qualité supérieure; les premiers sont très cuisans et d'une bonne digestion, et les seconds sont plus savoureux et d'un goût plus exquis que ceux que l'on recueille dans les autres sols.

Inconvéniens.

Il arrive souvent que la terre calcaire se trouve composée de grosses pierrailles reposant sur un tuf extrêmement caillouteux ou sur un tuf éminemment argileux. Dans cette dernière circonstance, l'argile y domine plus que la marne, ce qui la fait qualifier de calco-argileuse. Il existe plusieurs autres variétés de terre calcaire; mais elles sont généralement abandonnées à la culture des plantes forestières, natures ingrates qui font le désespoir et l'écueil des agriculteurs des pays accidentés.

Mode de recomposition.

Dans les sols calcaires, composés de pierrailles et d'une très grande quantité d'argile, il est urgent d'en extraire d'abord les grosses pierres qui nuisent au labourage, à la culture et à la germination de beaucoup de graines qui se trouvent entièrement couvertes, sans pouvoir se développer. Après ce travail préalable, il faut y transporter des terres calcaires substantielles et des terres normales légères qui se trouvent près des coteaux et sur les parties les plus élevées des prairies.

TERRE ARGILEUSE.

Avantages.

Elle est très substantielle et profonde, qualité qui est indispensable pour la culture du plus grand nombre des plantes, surtout pour les arbres en général qui exigent beaucoup de nourriture, de fraîcheur et de profondeur.

Inconvéniens.

Elle est parfois trop humide, trop froide et même pourrissante, lorsque les pluies sont fréquentes et la température froide. Dans les fortes chaleurs, elle est au contraire trop sèche, trop dure et prend beaucoup de retrait. Souvent les racines des plantes ne peuvent pénétrer une terre aussi compacte; les labours y sont très pénibles en automne et en hiver, plus pénibles encore dans le printemps et dans l'été, à moins que l'on ne saisisse une occasion favorable, comme une légère pluie ou un temps humide. Ces inconvéniens amènent ou bien le pourrissement de la plante, ou bien son dessèchement complet; des deux côtés, impossibilité de développement, défaut de maturité.

Mode de recomposition.

La terre végétale n'est vraiment fertile que lorsque l'air et la chaleur peuvent la pénétrer à une certaine profondeur; d'où il résulte que dans la terre argileuse la végétation ne peut être vigoureuse et soutenue, puisque les molécules y sont tellement agrégées, que l'eau, l'air et la chaleur ne peuvent s'y faire jour qu'à la superficie.

Pour amener cette terre à l'état de fertilité, il faut la rendre plus légère, plus sèche et plus ameublie. On obtiendra ces trois conditions indispensables, en y transportant des terres siliceuses ou sableuses, des terres normales légères, afin de reproduire une division facile dans les molécules. Ces conditions remplies, la terre argileuse acquerra toutes les qualités d'un bon sol et sera fertile pour plusieurs années.

En opérant la recomposition, il est d'une grande utilité de donner une légère pente au terrain afin de favoriser l'écoulement des eaux pluviales, qui trop souvent occasionent des pertes incalculables par leurs stagnations prolongées; il est également fort prudent de pratiquer des rigoles d'écoulement et de larges fossés pour l'assainir complètement pendant les saisons rigoureuses de l'année.

Mon procédé ainsi développé, j'ai presque la certitude que l'on ne manquera pas de m'objecter que s'il paraît juste dans sa théorie, il sera vicieux ou du moins impraticable dans son application.

Les agriculteurs, dira-t-on, ne pourront pas tous se procurer les diverses espèces de terres que je désigne comme essentielles aux mélanges. On pourra peut-être me citer des contrées où un sol domine à l'exclusion de tous les autres; mais ces cas sont excessivement rares, et puis d'ailleurs mon système s'applique spécialement aux pays accidentés et de nature de terres très variées, comme celles de nos départemens du centre et du midi de la France. On n'oublira pas encore de me faire observer qu'en admettant qu'il fût facile de trouver toutes les nuances de terre dans la même localité, elles pourraient être fort éloignées du sol que l'on voudrait recomposer, et il en résulterait des transports fort pénibles et surtout fort dispendieux.

Je dois donc me hâter de répondre à toutes ces objections, qui, pouvant arrêter la plupart des cultivateurs, leur feraient préférer encore à la méthode que j'indique celle qu'ils ont toujours employée.

Il n'y a dans tout cela qu'une réponse unique, celle des chiffres, preuve mathématique.

Un agriculteur veut-il fertiliser un mauvais sol en culture, un hectare par exemple? Pour l'améliorer sensiblement, supposons qu'il faille trente charrois de fumier ou cent vingt charrois de terre; c'est un charroi de fumier pour quatre charrois de terre. Examinons maintenant, d'une manière approximative, la différence qui existe entre le prix des fumiers et celui des transports de terre, la différence de leur épaisseur sur le sol, la durée moyenne des principes fécondans des fumiers et des terres, leurs avantages ou leurs inconvéniens; en un mot, laquelle des deux méthodes doit prévaloir dans le but que se propose l'agriculteur.

Le prix d'un charroi de fumier est, selon les localités, de 5, 6 et 7 fr. Le prix du charroi de terre, d'après la distance, peut être évalué à 25, 50, 75 c. et 1 fr.

Terme moyen pour le fumier....................	6 fr.	» c.
Pour les transports de terre......................	»	50

Trente charrois de fumier, répandus sur une surface d'un hectare, pourront former environ une épaisseur de trois millimètres, et cent vingt charrois de terre, dispersés sur la même surface, pourront donner une épaisseur de douze millimètres.

Il existe donc une différence de neuf millimètres.

Les fumiers de première qualité ne peuvent faire sentir leurs effets que deux années de suite au plus. Les transports de terre améliorent le sol pour cinq à six ans au moins.

La différence dans la durée des principes fertilisans des fumiers et des transports de terre est donc considérable.

Si d'un côté les fumiers donnent momentanément plus de fertilité à la terre, ils ont d'un autre côté l'inconvénient d'être presque toujours entraînés par le ravinement des eaux. Si la recomposition par le mélange des terres ne produit pas une végétation aussi prompte et aussi vigoureuse, elle est du moins plus sûre, plus soutenue, et les ravinemens ne peuvent y occasioner des dégâts, car les terres sont ordinairement plus pesantes et plus compactes que les fumiers.

Enfin, les fumiers demandent, avant d'être propres à engraisser le sol, beaucoup de temps et de dépenses pour la préparation et le transport des litières, pour leur décomposition, tandis qu'il n'y a d'autres frais à faire dans la méthode des mélanges des terres que ceux que nécessite leur extraction.

D'après cette rapide appréciation sur les différences qui existent entre les fumiers et les transports de terre, tous les agriculteurs seront, je le pense, pleinement convaincus de la supériorité de ce dernier moyen.

Presque tous les propriétaires possèdent des bois, des prairies naturelles, des chemins de servitude, des terres en non valeur ou des pâtis, et enfin des fossés autour de leur propriété. Qu'ils fassent enlever des tas de terre sur le bord des prairies naturelles, celles surtout qui sont dans des situations froides, humides ou aquatiques, et ils trouveront deux avantages bien sensibles, une mauvaise terre se réparant en servant à recomposer un mauvais sol. Qu'ils extraient des bois taillis et de haute futaie la couche la plus superficielle du sol, et qu'ils transportent ces amas de gazon dans les terres normales superficielles ou dans les terres siliceuses et sableuses. Ces débris, formés, comme nous le savons, par le détritus des feuilles d'arbres et des graminées, qui croissent et se décomposent chaque année, sont toujours d'une grande fertilité et peuvent convenir à presque tous les sols en culture. Qu'ils enlèvent encore sur les bords des chemins une légère couche de terre et de gazon, et ils arriveront en même temps à un double résultat, celui de bomber la route et de favoriser l'écoulement des eaux, dont le ravinement occasione si souvent des ornières profondes et rend les chemins de servitude impraticables ou du moins très mauvais. Qui les empêche de prendre, sur les terres en non valeur destinées au repos et au parcours des bêtes de toute espèce, une quantité considérable de terres bonifiées depuis plusieurs années par le piétinement et les excrémens des animaux? Enfin, ne pourraient-ils pas, tous les deux ou trois ans, recurer les fossés qui sont pratiqués autour des terres arables, ce qui favoriserait l'écoulement des eaux et rendrait le sol plus productif? Ces amas de boues, de fumier, de débris de végétation, provoqueraient une très grande fertilité dans les terres ardentes et légères.

Au reste, je dirai à tous les agriculteurs : Sondez vos terres siliceuses, et vous y trouverez presque toujours un sous-sol argileux, surtout dans les parties les moins légères et les moins ardentes; sondez également vos terres argileuses, et vous arriverez, à quelques centimètres, à des bancs de sable ou de gravier, qui seront utiles à recomposer le sol supérieur. La Providence n'a pas voulu que le remède fût loin du mal.

En affligeant l'espèce humaine de tant de maux divers, en soumettant la terre à tant de révolutions, elle a toujours laissé, pour ainsi dire sous la main, le principe de la guérison de l'homme, comme le principe de la régénération du sol. Et l'on cherche au loin tous ces moyens de rétablissement et de fécondité ! On demande à l'Amérique méridionale ses plantes médicinales, à l'Océan-Pacifique ses engrais fertilisans ! Pour moi, il me semble que c'est méconnaître un des plus grands bienfaits du ciel, qui n'a pas permis l'existence de l'espèce humaine et du monde végétal pour la subordonner tous les jours à la découverte de quelque nouveau continent.

Après des préceptes si incontestables et des indications si positives, quelques-uns objecteront encore que, fût-il facile de se procurer des terres pour le mélange, il leur sera plus avantageux de faire des fumiers avec leurs bestiaux et litières que de se livrer à de nouvelles dépenses pour arriver au même résultat. Ce raisonnement n'est pas mieux fondé que les autres. Ces agriculteurs, employant les fumiers nécessaires pour leurs terres arables, ne peuvent ordinairement en mettre la plus légère quantité sur leurs prés, tandis qu'en agissant comme je l'indique, ils pourraient fumer abondamment toutes leurs prairies naturelles et artificielles, sauf à en employer plus tard une certaine quantité à l'amélioration des terres arables : c'est un principe dont tous les agriculteurs devraient être bien pénétrés, car les fourrages sont la base fondamentale de l'agriculture.

Et puis, me dira-t-on en dernier lieu, ce que j'enseigne ici est pratiqué dans plusieurs contrées, où les cultivateurs contractent l'habitude de transporter chaque année les extrémités du sillon d'un sol en culture au milieu de la pièce. Ce procédé est fort utile, j'en conviens; mais c'est encore fort incomplet. A ce sujet, je crois devoir faire observer qu'il est de toute nécessité de niveler autant que possible le sol sur lequel on opère ces mélanges, car la surface se trouvant quelquefois très irrégulière, les terres ne pourraient pas y être uniformément répandues. Le moyen que j'indique, mis en pratique, pourrait bien encore ne produire aucun résultat avantageux, si on laisse subsister des moulières, des concavités et des inégalités de terrain qui amènent le séjour et la stagnation des eaux, source de dégâts considérables; de là, les semences noyées au moment de leur germination; de là, la macération des racines au moment de leur développement.

Je crois avoir maintenant répondu à toutes les objections sérieuses que l'on peut faire aux idées que j'émets aujourd'hui sur la recomposition générale de tous les sols en culture, par le mélange intelligent des terres. Je pense avoir prévu tous les cas graves qui pouvaient se présenter contre mon système, sans avoir fait peut-être ressortir dans toute leur plénitude les avantages incontestables d'un pareil mode de culture. Néanmoins, comme il pourrait encore s'offrir de nouveaux points de vue de considérer le système que je professe, je ferai tous mes efforts pour satisfaire aux exigences du public, pour éclairer d'un jour nouveau les questions difficiles qui pourraient m'être proposées sur ce sujet, et pour soutenir jusqu'à la fin la tâche que je me suis imposée de mettre à contribution mes faibles talens pour le progrès de l'agriculture.

CHAPITRE V.

Exposé sommaire sur les anomalies de la végétation des plantes en général, pour servir de guide dans la pratique de l'agriculture.

Les plantes sont comme les animaux et les hommes. Elles ont une existence déterminée selon les influences climatériques et leur degré de nutrition. Je vais essayer de prouver cette vérité par des faits dont nous sommes témoins tous les jours.

S'il nous était permis de parcourir les vastes régions du globe, pour considérer la sphère entière des végétaux qui croissent sur toute la surface de la terre, nous serions sans doute entièrement convaincus que chaque région a une température qui lui est spéciale, comme chaque climat possède ses végétaux propres. L'homme ne pouvant, par la brièveté de sa vie, par les obstacles sans nombre à surmonter, faire le tour du globe pour en soumettre chaque partie à ses investigations, le créateur, dans son ineffable bonté, a voulu permettre à la terre de voyager pour nous autour du soleil, comme l'observe si religieusement le profond et pieux Bernardin de St-Pierre dans ses *Harmonies de la nature*. Aprés nous avoir mis sous le ciel de la zône glaciale, elle nous transporte insensiblement sous les régions tempérées et sous la zône torridienne par la diversité des saisons qui se succèdent tous les ans de la manière la plus régulière, en nous faisant connaître les végétaux du printemps, de l'automne, de l'été et de l'hiver.

Bien pénétrés de ce grand principe de la rotation de la terre, nous devons être intimement persuadés que toutes les régions du globe jouissent d'une manière plus ou moins avantageuse des bienfaits de la chaleur solaire, et nous devons supposer que cette succession et cette variété de température devenaient indispensables pour le repos des plantes, la santé des hommes et des animaux. Mais, de même que chaque climat jouit ordinairement d'une température à lui particulière, chaque saison se fait remarquer par une température normale, comme chaque nature de terre possède un caractère spécial pour la végétation de certaines plantes. D'après de semblables observations, il me paraît facile d'expliquer maintenant toutes les anomalies de la végétation des plantes par les influences climatériques, la variation des saisons et la diversité de tous les sols en culture.

Il existe des plantes dans toutes les régions du globe, dans tous les climats, sous toutes les températures, sur les montagnes, sur les coteaux, sur les collines, dans les vallons et dans les plaines.

Dans notre hémisphère septentrional, par exemple, il se trouve des contrées bien distinctes par l'absence ou la présence de certaines plantes. Ainsi un agronome remarquable a divisé la France en trois grandes régions botaniques bien caractérisées : celle de l'olivier, au sud-est; celle du pommier, au nord-est; et celle de la vigne, entre le sud et le nord.

Il est bien permis de supposer que dans le principe de la

création, toutes les semences des plantes ont été dispersées confusément sur la surface de la terre, et qu'elles ont été abandonnées aux seuls soins de la nature. Alors elles ont pris plus d'accroissement dans une région que dans une autre ; chacune a adopté son climat comme sa patrie d'origine, jusqu'à ce que les révolutions du globe et des hommes les aient ravies à leur berceau primitif pour les transporter dans un sol étranger.

INFLUENCE CLIMATÉRIQUE.

Toutes les plantes et tous les arbres que nous cultivons avec succès à l'exposition de l'est doivent venir de la région orientale du globe, où, dès la création du monde, ils ont pris naissance, la température se trouvant en harmonie avec leur organisation et leur mode de développement. Il est probable que ces végétaux nous ont été apportés par quelques voyageurs qui ont parcouru cette contrée ; d'ailleurs, les eaux, en voiturant sans cesse les graines de toutes les espèces, et même les oiseaux de passage, ne pourraient-ils pas nous avoir doté de quelques-unes de ces plantes que nous cultivons dans ces climats ?

A l'exposition du sud, la température est presque toujours très élevée et la végétation d'une très grande force. Si de fréquentes pluies ne venaient tempérer cette excessive chaleur, le plus grand nombre des plantes et des arbres que nous y cultivons ne pourraient arriver à leur développement ordinaire. Cette exposition, en général, ne convient qu'aux plantes et aux arbres qui ont besoin de beaucoup de chaleur. N'est-il pas à supposer que ces végétaux nous ont été apportés des zônes torridiennes, où ils croissent naturellement ?

A l'exception de l'ouest, la température est beaucoup

moins élevée qu'à l'exposition précédente ; mais elle a beaucoup d'analogie avec celle du levant. La végétation y est presque toujours vigoureuse et soutenue. Ne devons-nous pas supposer encore que les plantes et les arbres qui se trouvent bien de cette température nous ont été apportés de la région occidentale du globe?

A l'exposition du nord, la température est souvent froide et humide. La végétation du plus grand nombre des plantes y est tardive par le manque de chaleur. Certaines plantes et quelques arbres y prennent cependant beaucoup de développement. N'est-il pas à croire encore que ces végétaux nous viennent de la zône glaciale tempérée, car il est probable que dans les parties les plus froides de la zône glaciale, la végétation ne peut pas avoir lieu? Nos arbres forestiers, et surtout les arbres verts résineux, ainsi que quelques plantes rustiques, supportent les froids les plus rigoureux du nord sans que leur vigueur en éprouve aucune atteinte.

D'après ce léger exposé, il devient facile de désigner la région natale de toutes les plantes et de tous les arbres que nous cultivons dans l'hémisphère nord et que nous qualifions de plantes indigènes ou exotiques. Celles qui sont indigènes résistent à toutes les variations de température de notre climat; mais les plantes exotiques ne peuvent s'y développer qu'avec la plus grande précaution. Pour la culture de ces plantes, nous avons inventé les serres chaudes et tempérées, ne pouvant les conserver en pleine terre.

INFLUENCE DES SAISONS.

Les variations atmosphériques de chaque saison, dont les influences sont plus ou moins bienfaisantes ou nuisibles à la végétation des plantes, peuvent tour à tour altérer ou ranimer, paralyser ou développer, détruire ou féconder.

Dans le printemps, la température est presque toujours modérée. A cette époque, la végétation est vigoureuse et soutenue; le plus grand nombre des plantes entrent en végétation et s'y développent avec le plus prompt accroissement jusqu'au temps de la maturité. Cette saison ayant beaucoup d'analogie avec l'exposition de l'est ou du levant, nous devons supposer que la région orientale jouit d'un printemps presque continuel et qu'elle est le berceau de toutes nos plantes indigènes.

Dans la saison de l'été, la température est souvent très élevée et la végétation trop vigoureuse; si de fréquentes pluies d'orage et des rosées ne venaient souvent modérer cette excessive chaleur, le plus grand nombre des plantes et des arbres ne pourraient arriver à leur maturité ordinaire. En général, cette saison ne convient bien qu'aux plantes et aux arbres qui demandent une forte chaleur. Comme la température a beaucoup d'analogie avec l'exposition sud, il est permis de supposer qu'elle est à peu près égale à celle de la région torridienne, et qu'à cette région existent toutes nos plantes exotiques que nous ne pouvons cultiver que dans les serres chaudes ou tempérées.

Dans l'automne, la température diminue beaucoup et devient modérée, ayant beaucoup de rapport avec celle du printemps. Comme elle a de grandes analogies avec l'exposition ouest ou couchant de notre climat, nous devons supposer qu'elle est égale à la température de la région occidentale, où toutes les plantes et les arbres croissent avec vigueur comme dans la région orientale.

Dans l'hiver, la température a diminué prodigieusement, car la végétation de toutes les plantes est devenue stationnaire, ou du moins peu sensible. Les plantes annuelles ne peuvent résister à ce froid rigoureux, et celles qui sont bisannuelles en supportent avec peine la température. Il n'y a en général que celles qui sont vivaces qui puissent surmonter toutes ces intempéries. Comme cette température a beaucoup d'analogie avec l'exposition nord de notre climat, il est raisonnable de croire qu'elle est à peu près égale à celle des zônes glaciales, et que les plantes qui sont plus fortes que nos froids les plus rigoureux viennent, à n'en pas douter, de ces régions septentrionales du globe où la surface de la terre est presque toujours couverte de neiges et de glaces.

INFLUENCE DES DIVERS SOLS EN CULTURE.

Tous les sols en culture offrent évidemment des différences et des modifications bien tranchées, d'après leur degré de chaleur et d'humidité. Ainsi les terres qui jouissent constamment d'une chaleur légèrement humide sont très fertiles ; celles qui sont trop ardentes et légères sont médiocres, et celles enfin qui sont trop humides, froides et pourrissantes sont mauvaises. La végétation de toutes les plantes est donc subordonnée à ces diverses influences.

La température de la terre normale est la plus modérée et celle qui convient le mieux au plus grand nombre de tous les arbres et de toutes les plantes que nous cultivons dans notre hémisphère septentrional. Je crois de là pouvoir avancer qu'elle est apte à toutes les régions du globe comme à toutes les saisons. C'est donc à juste titre qu'on lui a donné le nom de terre normale, qui veut dire composition primitive et naturelle de la terre végétale, toutes les substances terreuses se trouvant dans des conditions de fertilité.

La température de la terre siliceuse ou sableuse est ordinairement très élevée, car le sable et le silex y dominent avec excès. La végétation de la plupart des plantes y est très précoce; mais si de fréquentes pluies ne venaient modérer l'excessive sécheresse de ce sol naturellement très léger et et très ardent, elles ne pourraient y arriver à leur maturité ordinaire. Cette terre ne peut convenir à toutes les régions du globe, comme elle ne peut être avantageuse pour toutes les saisons. Cependant aux expositions est, ouest et nord, ainsi qu'au printemps, à l'automne et à l'hiver, on peut espérer d'y cultiver beaucoup de plantes. C'est même dans cette terre qu'on peut espérer d'obtenir les primeurs du printemps, les fruits les plus précoces et d'une qualité supérieure.

La température de la terre calcaire est beaucoup moins élevée que celle de la précédente, car le sable y domine moins. Elle a beaucoup de rapport avec celle de la terre normale, car si le sable y était dans des proportions convenables, elle se trouverait dans les mêmes conditions de fertilité. Cette terre peut être propre à toutes les régions du globe et à toutes les saisons. La végétation y est très vigoureuse aux expositions nord, est et ouest surtout, ainsi que dans les saisons de l'hiver, du printemps et de l'automne.

La température de la terre argileuse est presque toujours froide et humide, car l'argile y domine avec excès. La végétation s'y montre toujours tardive et quelquefois nulle. Cette terre ne peut convenir à toutes les régions du globe, comme elle ne peut être fertile dans toutes les saisons. Malgré une température aussi défavorable, à l'exposition est ou sud on peut espérer souvent d'y cultiver certaines plantes avec succès, surtout lorsque le printemps et l'été y sont très chauds. Mais par une température froide ou pluvieuse, les produits seraient nuls ou du moins fort médiocres.

Quels sont maintenant les agronomes un peu observateurs qui ne comprendraient pas la nécessité absolue de recomposer leurs sols en culture, d'après leur exposition relative et selon la température du climat qu'ils habitent? Quels sont enfin ceux qui n'ont pas encore la conviction de cette grande vérité, qu'il ne peut exister de fertilité et de végétation possibles dans aucun sol en culture s'il n'y a corrélation d'actions entre tous les élémens de la création, toutes les substances qui composent l'organisation normale de la terre ; et que l'essentialité de la vie végétale est subordonnée à la simultanéité de la chaleur et de l'humidité, ce qui caractérise une chaleur humide ? Quant à moi, je serai toujours persuadé que les mystères de la végétation sont sous la dépendance de l'ensemble des circonstances que je viens de citer.

Qu'il me soit permis d'ajouter encore quelques mots sur les influences combinées des climats, des saisons et des terres.

S'il était donné aux plantes comme aux animaux de pérégriner sur la surface de la terre pour aller vivre sous tous les climats, en suivant pour guide la saison qui convient à sa nature et au développement de chacune d'elles, nous verrions les unes se fixer dans l'est, les autres dans l'ouest, plusieurs au midi, quelques-unes au nord ; nous les verrions naître au printemps ou bien attendre l'été, se développer en automne ou choisir l'hiver. Chacune chercherait l'exposition à elle propre ; chacune s'arrêterait dans son climat favori. Enfin, on les verrait s'implanter les unes dans les terres normales, les autres dans les terres siliceuses ou sableuses, quelques-unes dans les sols calcaires, un petit nombre dans les sols argileux.

En général les graminées suivraient les régions est, ouest et nord, parce que les plantes herbacées demandent beaucoup d'humidité. De toutes les saisons, elles choisiraient le printemps, parce qu'il leur faut une chaleur modérée; enfin, elles s'implanteraient de préférence dans les sols siliceux, car elles aiment un sol ardent avec une température presque toujours humide ou modérée.

Les plantes légumineuses se dirigeraient vers l'est, l'ouest et le sud, car elles demandent de la pluie et de la chaleur; et, comme le froid leur est très sensible, elles marcheraient avec le printemps pour s'arrêter dans les terres normales, marneuses et siliceuses.

Les céréales se répandraient indifféremment sur toutes les régions du globe, parce qu'elles peuvent résister à toutes les températures des climats, à toutes les intempéries des saisons. Nourriture spéciale de tout le genre humain, la Providence a dû nécessairement les doter de cette faculté. Les terres qui leur sont propres sont les terres normales, calcaires et argileuses.

La vigne se fixerait à l'est, à l'ouest et au sud; et comme elle recherche la chaleur et l'humidité, et qu'elle évite le froid, elle adopterait le printemps, l'été et l'automne, fuirait l'hiver et s'établirait dans les terres normales et siliceuses surtout avec sous-sol argileux.

Les arbres fruitiers à noyaux, voulant de l'humidité et de la chaleur, et craignant le froid et la gelée, se dirigeraient vers l'est, l'ouest et le sud, suivraient le printemps, l'été et l'automne, et s'implanteraient dans les terres normales et calcaires.

Quant aux arbres fruitiers à pépin, qui exigent souvent de l'humidité et peu de chaleur, ils iraient à l'est, à l'ouest et au nord, adopteraient indifféremment les saisons, craindraient peu les intempéries et s'arrêteraient de préférence dans les terres normales, profondes et argileuses.

Les arbres forestiers, qui ne sont pas sensibles au froid et qui redoutent les fortes chaleurs, prendraient presque tous la direction de l'ouest et du nord, se développeraient dans toutes les saisons et s'implanteraient de préférence dans les terres normales, argileuses et siliceuses profondes.

On pourra dire, il est vrai, qu'avec des soins on peut cultiver bien des plantes exotiques dans tous les climats, dans toutes les saisons et dans presque toute la terre. En effet, les expositions et la palissade peuvent fort bien modifier la température de chaque climat; mais ce sont là de rares exceptions de localité, qui ne peuvent détruire la règle générale que j'établis ici d'après des principes incontestables.

CONCLUSIONS.

Coup d'œil synthétique sur le nouveau système d'agriculture.

Résumons-nous en peu de mots. Présentons dans quelques pages, d'une manière synthétique, notre nouveau système d'agriculture. Que l'on juge par ce dernier chapitre l'esprit de de mon ouvrage, la réforme qu'il veut introduire, les avantages qu'il renferme, l'avenir qui l'attend dans son application.

Aprés avoir dans une introduction jeté un rapide coup d'œil sur l'abandon presque complet de l'agriculture, sur la migration presque continuelle des campagnes vers les villes, qui fait que d'un côté les bras manquent dans les champs et que d'un autre côté ils surabondent dans les cités, sur les moyens possibles d'y remédier, j'ai présenté aux cultivateurs l'état triste et pénible de la culture de tous nos sols : la terre livrée à quelques ignorans et paresseux laboureurs, les préjugés et la routine venant en aide à l'insouciance et à l'apathie, et partout, en toute occasion, sur toutes les surfaces, à toutes les températures, l'usurpation absolue exclusive, du fumier. La fertilité des terres froides comme des terres ardentes, des sols légers comme des sols compactes devant aux engrais tous ses principes d'existence, là se trouvent l'ignorance et l'égarement, comme ils se trouveraient aussi dans l'exclusion complète du fumier, dans la négation radicale des bons effets qu'il peut produire dans certaines circonstances.

A la vue de cet état alarmant de notre agriculture, j'ai cru qu'il était d'abord indispensable, pour réparer les nombreuses détériorations amenées par les causes que je signale ici, de faire dans ce but une nomenclature de toutes les terres, une classification de tous les sols, afin qu'ensuite on puisse les mélanger, les coordonner, les harmoniser de telle manière qu'ils puissent renfermer en eux tous les élémens nécessaires à la végétation.

J'ai d'abord divisé le sol en quatre grandes catégories bien distinctes, quoique diversement modifiées par une infinité de circonstances,

Savoir :

La terre normale ;
La terre siliceuse ou sableuse;
La terre calcaire,
Et la terre argileuse.

Puis, m'arrêtant à cette considération d'origine que la terre normale a du être la terre primitive du globe, et à cet axiôme de physique que les corps les plus pesans tendent continuellement à se mettre au dessous des plus légers, et que par conséquent leur ordre de gravité était ainsi établi, terre argileuse, calcaire, siliceuse et normale, j'ai jeté les regards autour de moi pour m'assurer si le sol portait partout les traces de son origine primitive, se soumettait partout aux lois physiques. Je l'ai trouvé déplacé, dévié, altéré sous toutes les formes, sous tous les climats. Ici, la terre normale à son état de pureté; plus loin, le sable dominant avec ses silex ; d'un côté, l'argile séjournant à des profondeurs incalculables ; d'un autre côté, le carbonate de chaux se montrant le véritable type de certaines terres.

Dans ces mélanges incohérens, dans ces blocs immenses de terre portés hors de leur centre, dans ces invasions incessantes d'un sol sur l'autre, du sable sur l'argile, du carbonate de chaux sur l'humus, il a dû s'opérer bien des secousses, bien des diversités, je dirai plus, bien des anomalies sur toute la surface de la terre. Des bancs de silex ont été traversés par des bancs d'argiles ; des sols calcaires se sont étendus sur des couches d'humus, et tout cela contrairement à l'ordre de choses primitivement établi. Où réside la cause qui a enfanté tant de désordres ? A quoi attribuer ces grandes révolutions, ces nombreux soulèvemens ? A une foule de circonstances dont les principales me paraissent être :

Les fréquens cataclysmes auxquels a été soumis notre globe, et qui l'ont sillonné de traces si profondes, qu'elles seront toujours appréciables à l'œil de la science ;

Le ravinement des eaux, qui enlèvent avec elles les parties superficielles de la terre pour les entraîner ailleurs ;

Les divers genres de culture et la continuité de la végétation des plantes qui absorbent sans cesse toutes les substances nutritives et appellent à elles, pour se développer, toute la vie qui réside dans le sol ; mais surtout l'incurie des cultivateurs, la dégradation morale de l'homme, qui, sentinelle placée par la main de Dieu, afin que rien de désorganisateur ne s'implantât sur cette terre qui lui a été confiée pour sa nourriture et pour son existence, s'est livré à d'absurdes préjugés et s'est endormi dans une coupable indifférence.

A l'aspect de ces terres si fortement soulevées, si vivement altérées par des causes visibles ou latentes, et pour réformer et refondre, pour ainsi dire, tous nos vieux sols, qui ont tant souffert de la marche des siècles et de l'ignorance des hommes, j'ai cherché dans ces désordres mêmes les principes du rétablissement. Il m'a semblé que je ne devais pas demander les élémens d'une réorganisation à des moyens factices et de quelques jours, à l'emploi de quelques engrais qui prêtent un moment une force empruntée aux plantes et demandent eux aussi, au bout d'un certain temps, un complet renouvellement. J'ai cru que c'était mieux comprendre la nature que de chercher en elle-même les moyens de sa recomposition, que de remuer, de sonder, d'apprécier la terre pour qu'elle soit à elle-même son remède, pour que ce qui fait dans une partie sa stérilité fasse dans l'autre sa fertilité. Alors j'ai appelé toutes les substances des sols en culture pour opérer la recomposition.

J'ai dit à l'humus : tu te mélangeras avec toutes les terres pour les ameublir, pour leur donner la légèreté et la nourriture qui leur manquent, pour être en un mot la pierre de base de la vie végétale; j'ai dit au sable : tu t'allieras avec les terres froides, pesantes et compactes, pour leur prêter ta chaleur, ta légèreté, ta porosité; j'ai dit à l'argile : tu marcheras au secours des sols ardens et secs, pour les tempérer et les humecter; enfin, j'ai dit au carbonate de chaux : tu te combineras avec toutes les terres, tu t'identifieras avec toutes les molécules qui les composent, afin d'être leur agent de correction et d'agrégation.

Dans cette rénovation, dans ce remaniement du sol, l'œuvre primitive est pour ainsi dire refaite pour longues années. La terre se régénère elle-même; les substances d'un sol viennent en aide aux substances d'un autre. Les conditions indispensables pour la reproduction des plantes, les élémens nécessaires à leur développement étaient disséminés, divisés, altérés; les voilà réunis, agglomérés, confondus.

Envisageant enfin les anomalies végétales d'après les influences des climats, des saisons et des terres, j'ai cru pouvoir affirmer que l'agriculture est subordonnée à une multitude de circonstances que le plus grand nombre des agronomes paraît ignorer; qu'il n'y a pas de fertilité dans aucune terre, de végétation possible dans aucun climat et dans aucune saison, si tous les élémens terrestres ne se trouvent pas dans des conditions favorables, si tous les principes de la création n'ont pas une corrélation d'actions en harmonie avec toutes les plantes. Parmi ces élémens et ces principes, j'ai cru devoir considérer le soleil comme le père de la création, la terre comme la mère de la végétation, l'air et l'eau comme les agens indispensables de la végétation.

Ainsi donc, l'observation des variations de la température de chaque climat, de chaque saison, de chaque sol en culture, peut expliquer maintenant une foule de phénomènes qui, au premier coup d'œil, avaient paru des anomalies dans la végétation; et le plus souvent ce qui donne la raison des insuccès si communs en agriculture, ce sont les caprices des hommes mêlés aux jeux du hasard.

De ces observations exactes découle, comme conséquence inévitable, la nécessité de modifier la température de tous les sols en culture, selon l'influence des saisons et des climats : et rien qui puisse conduire à ce résultat comme le mélange intelligent des terres.

Agriculteurs, voulez-vous prévenir les déceptions qui vous attendent et peut-être la ruine qui vous menace, observez scrupuleusement les différentes influences pour opérer ces modifications avec discernement; rappelez-vous d'ailleurs que la terre est divisée en plusieurs régions, que chaque région du globe a son climat, que chaque climat a sa température, que chaque température a ses végétaux, et que chaque végétal a son sol de prédilection.

Je ne pense pas que les grands partisans des engrais puissent rien objecter à cette théorie de la végétation, à cette agriculture raisonnée pour tous les climats, pour toutes les saisons et pour tous les sols en culture, à ce système basé sur les grands principes de la vitalité des plantes.

Loin de moi la pensée de m'attribuer d'avoir le premier présenté cette manière large de considérer l'agriculture ; mais peut-être jusqu'à présent personne n'avait traduit en système, n'avait formulé en méthode cette nouvelle interprétation des mystères de la vie végétale.

Au reste, ce n'est qu'aprés un examen attentif et de longues observations sur un grand nombre de phénomènes que j'ai acquis la preuve que les faits soumis à l'analyse se renouvelaient toujours dans les mêmes conditions, suivies des mêmes circonstances, en vertu des mêmes principes, et c'est alors que j'ai osé écrire ces principes.

Plus tard, je pourrai donner comme complément de mon ouvrage, comme application de ma théorie, un volume d'aphorismes qui ne seront autre chose que de l'expérimentation en agriculture, et qui renferment des faits étonnans pour ceux-la mêmes qui sont le plus avancés dans la science agricole.

Puisse mon ouvrage contribuer au progrés de l'agriculture ! Puisse-t-il surtout prêter son faible concours pour que cette vaste science réalise une partie des promesses que des esprits éclairés font aux masses par la voie des progrés politiques !

TABLE.

Pages.

A M. le maréchal Bugeaud, duc d'Isly........................... 5

Introduction... 7

ESSAI SUR LA RÉGÉNÉRATION DE L'AGRICULTURE.

Chapitre Ier. — Considérations générales sur l'état actuel de notre mode de culture... 17

Chapitre II. — Nomenclature des terres, ou analyse matérielle de tous les sols en culture................................ 29

Chapitre III. — Altération graduelle de tous les sols en culture... 41

Désordre des soulèvemens.. 42

Ravinement des eaux... 43

Effets de la végétation des plantes............................ 44

Divers genres de culture.. 45

Incurie des cultivateurs... 47

Terre normale... 48

Terre siliceuse.. 49

Terre calcaire... *Id.*

Terre argileuse.. 50

Pages.

Chapitre IV. — Recomposition générale de tous les sols en culture........ 51
Terre normale........ 56
Terre siliceuse........ 59
Terre calcaire........ 62
Terre argileuse........ 63
Chapitre V. — Exposé sommaire sur les anomalies de la végétation des plantes en général, pour servir de guide dans la pratique de l'agriculture........ 71
Influence climatérique........ 73
Influence des saisons........ 74
Influence des divers sols en culture........ 76
Conclusions. — Coup d'œil synthétique sur le nouveau système d'agriculture........ 81

www.ingramcontent.com/pod-product-compliance
Ingram Content Group UK Ltd.
Pitfield, Milton Keynes, MK11 3LW, UK
UKHW022051170726
13837UKWH00002B/888